#서술형
#해결전략
#문제해결력
#요즘수학공부법

수학도
독해가
힘이다

Chunjae
Makes
Chunjae

▼

기획총괄	박금옥
편집개발	윤경옥, 박초아, 김연정, 김수정, 김유림
디자인총괄	김희정
표지디자인	윤순미, 김소연
내지디자인	박희춘, 이혜미
제작	황성진, 조규영

발행일	2023년 10월 15일 2판 2023년 10월 15일 1쇄
발행인	(주)천재교육
주소	서울시 금천구 가산로9길 54
신고번호	제2001-000018호
고객센터	1577-0902

※ 정답 분실 시에는 천재교육 홈페이지에서 내려받으세요.

※ KC 마크는 이 제품이 공통안전기준에 적합하였음을 의미합니다.

※ 주의

책 모서리에 다칠 수 있으니 주의하시기 바랍니다.

부주의로 인한 사고의 경우 책임지지 않습니다.

8세 미만의 어린이는 부모님의 관리가 필요합니다.

수학도 **독해가 힘이다**

초등 수학 1·1

4차 산업혁명 시대!
AI가 인간의 일자리를 대체하는 시대가
코앞에 다가와 있습니다.

인간의 강력한 라이벌이 되어버린 **AI를 이길 수 있는**
인간의 가장 중요한 **능력 중 하나는**
바로 **'독해력'**입니다.

수학 문제를 푸는 데에도 이러한 **'독해력'이 필요**합니다.
일단 **문장을 읽고 이해한 후 수학적으로 바꾸어 생각**하여
무엇을 구해야 할지 알아내는 것이 수학 독해의 핵심입니다.

〈수학도 **독해가 힘이다**〉는 읽고 이해하는
수학 독해력 훈련의 기본서입니다.

Contents

수학도 **독해가 힘이다**

이 책의 **특징**

1 문제 **해결력** 기르기

③ **해결 전략을 익혀서** 선행 문제 → 실행 문제를 **완성!**

선행 문제 해결 전략

모두 몇 개인가요? → +

노란 풍선이 **4**개, 빨간 풍선이 **3**개 있습니다. 풍선은 모두 몇 개인가요?

노란 풍선 4개	+	빨간 풍선 3개	=	모두 몇 개

② **선행 문제를 풀면** 실행 문제를 풀기 **쉬워져!**

선행 문제 3

그림을 보고 덧셈식을 만들어 보세요.

(1)

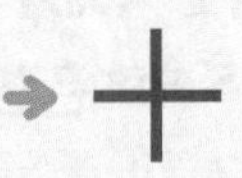

풀이 (흰 토끼)+(회색 토끼)

$=4+\square=\square$

(2) 실행 문제를 풀기 위한 워밍업

① **실행 문제를 푸는 것이 목표!**

실행 문제 3

버스에 7명이 타고 있었는데/ 1명이 더 탔습니다./ 버스에 타고 있는 사람은 모두 몇 명인가요?

전략 문장을 보고 덧셈식을 만들지 뺄셈식을 만들지 정하자.

풀이 단계별 전략 제시

❶ 모두 몇 명인지 구하려면 (덧셈식 , 뺄셈식)을 만든다.

④ **쌍둥이 문제로** 실행 문제를 **완벽히 익히자!**

쌍둥이 문제 3-1

초록 구슬이 3개, 파란 구슬이 2개 있습니다./ 구슬은 모두 몇 개인가요?

실행 문제 따라 풀기 — 실행 문제 해결 방법을 보면서 따라 풀기

❶

❷

실전

수학 사고력 키우기

단계별로 풀면서 **사고력 UP!** 따라 풀기를 하면서 **서술형 완성!**

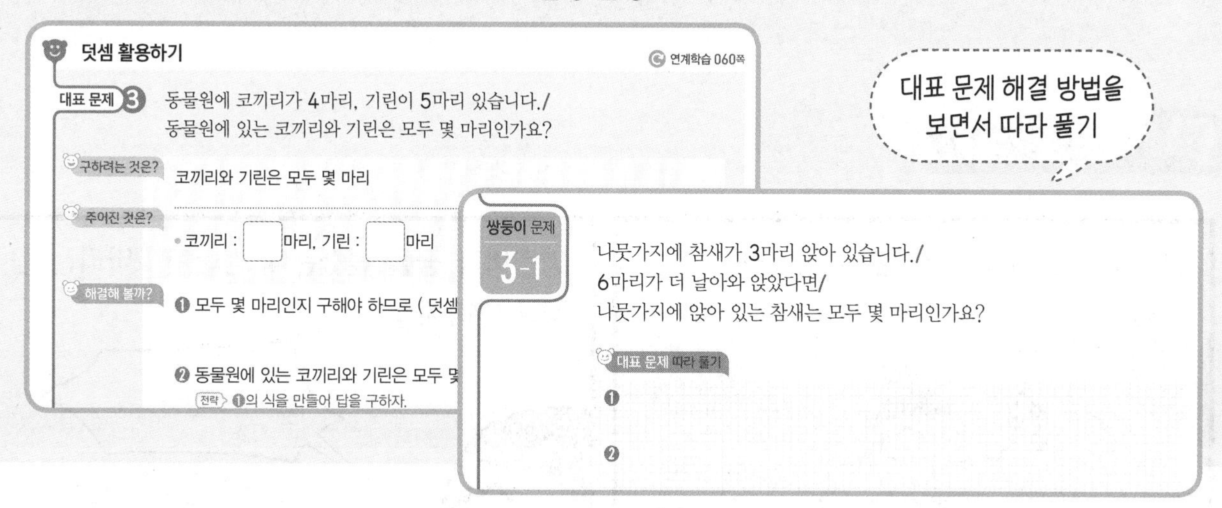
덧셈 활용하기 연계학습 060쪽

대표 문제 3 동물원에 코끼리가 4마리, 기린이 5마리 있습니다./ 동물원에 있는 코끼리와 기린은 모두 몇 마리인가요?

구하려는 것은? 코끼리와 기린은 모두 몇 마리

주어진 것은? • 코끼리 : ☐마리, 기린 : ☐마리

해결해 볼까? ❶ 모두 몇 마리인지 구해야 하므로 (덧셈

❷ 동물원에 있는 코끼리와 기린은 모두 몇

전략 ❶의 식을 만들어 답을 구하자.

쌍둥이 문제 3-1 나뭇가지에 참새가 3마리 앉아 있습니다./ 6마리가 더 날아와 앉았다면/ 나뭇가지에 앉아 있는 참새는 모두 몇 마리인가요?

대표 문제 따라 풀기

❶

❷

완성

수학 독해력 완성하기

차근차근 단계를 밟아 가며 **문제 해결력 완성!**

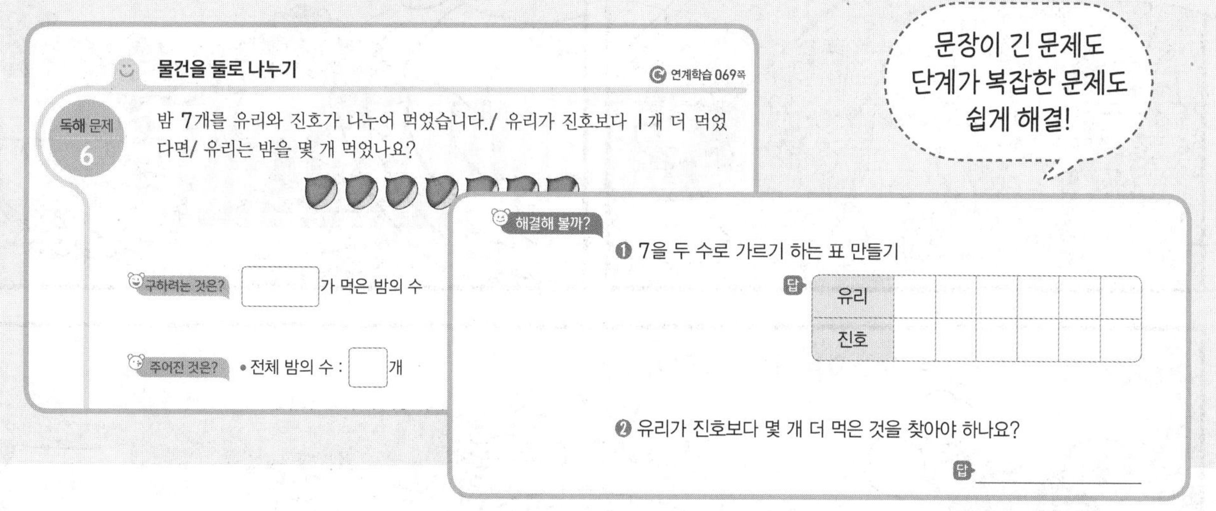
물건을 둘로 나누기 연계학습 069쪽

독해 문제 6 밤 7개를 유리와 진호가 나누어 먹었습니다./ 유리가 진호보다 1개 더 먹었다면/ 유리는 밤을 몇 개 먹었나요?

구하려는 것은? ☐가 먹은 밤의 수

주어진 것은? • 전체 밤의 수 : ☐개

해결해 볼까? ❶ 7을 두 수로 가르기 하는 표 만들기

답

유리						
진호						

❷ 유리가 진호보다 몇 개 더 먹은 것을 찾아야 하나요?

답 ________

특별 코너

4 창의·융합·코딩 체험하기

요즘 수학 문제인 **창의 • 융합 • 코딩** 문제 수록

코딩 3 컴퓨터에서 간단한 코딩으로/ 덧셈을 해주는 블록을 조립해서 만들었습니다./ 프로그램을 실행했더니 8이 나왔습니다./ 8이 나오기 위해서/ 조립한 블록 안에 있는 0 자리에 대신/ 들어갈 숫자를 넣어/ 식을 2가지만 써 보세요.

조립한 블록	나온 수
시작하기 버튼을 클릭했을 때 0 + 0 을(를) 계산하기 ▾	8

4차 산업 혁명 시대에
알맞은 최신 트렌드 유형

1 9까지의 수

FUN 한 이야기

매쓰 FUN 생활 속 수학 이야기

영웅이와 강아지 5마리가 공원에서 놀고 있어요./
영웅이가 공을 던졌는데/ 강아지 2마리는 꼼짝도 안하네요./
공을 가지러 달려가는 강아지는 몇 마리인가요?

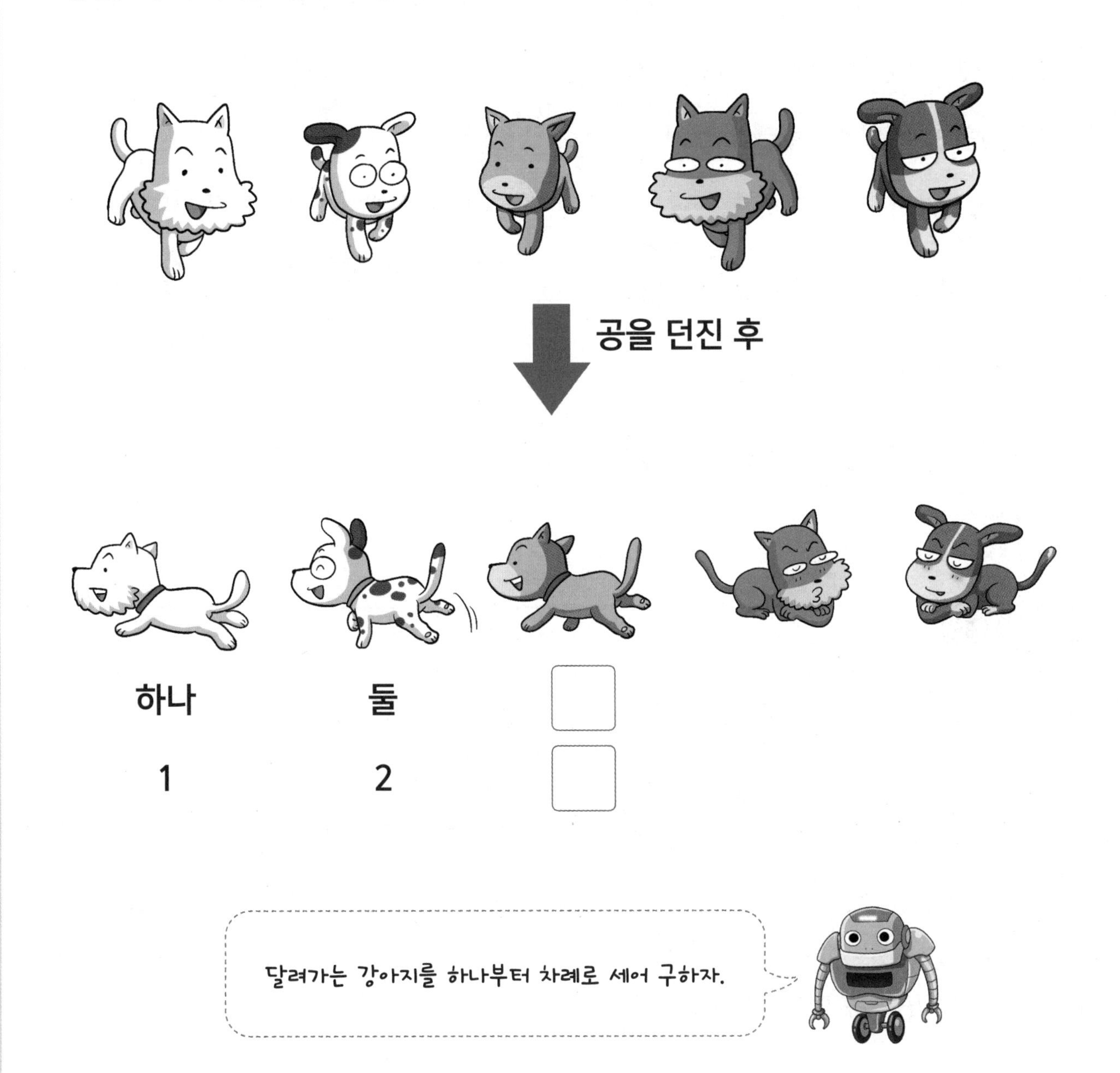

답 ________ 마리

문제 해결력 기르기

① 묶고 남은 수를 세어 보기

선행 문제 해결 전략

• 1부터 9까지의 수를 쓰고 읽기

1(일, 하나)	4(사, 넷)	7(칠, 일곱)
2(이, 둘)	5(오, 다섯)	8(팔, 여덟)
3(삼, 셋)	6(육, 여섯)	9(구, 아홉)

예 묶은 사탕의 수를 세어 수로 써 보기

① 수를 세어야 할 것을 정확히 알고
② 손으로 짚어 가며 **'하나, 둘, 셋……'으로 하나씩 차례로** 세어 보자.

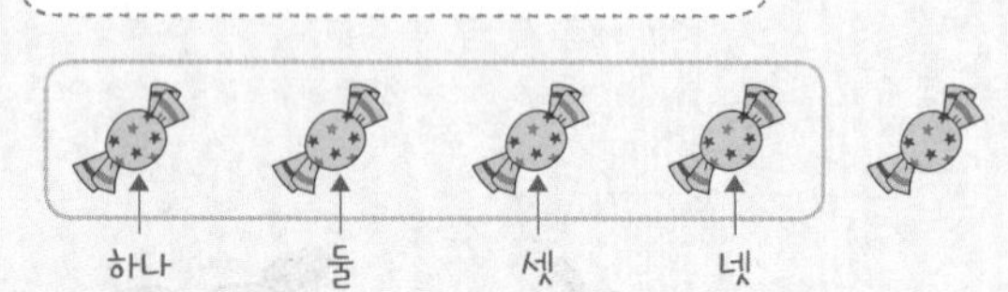

➜ 묶은 사탕의 수 : 4

선행 문제 1

(1) 사과의 수를 세어 수로 써 보세요.

풀이 사과의 수를 세어 보면 하나, 둘, 셋, 넷, 이므로 이다.

(2) 묶은 딸기의 수를 세어 수로 써 보세요.

풀이 묶은 딸기의 수를 세어 보면 하나, 둘, 셋, 넷, 다섯, ☐, ☐이므로 이다.

실행 문제 1

주어진 수만큼 연필을 ⬭로 묶고/ 묶지 않은 연필의 수를 써 보세요.

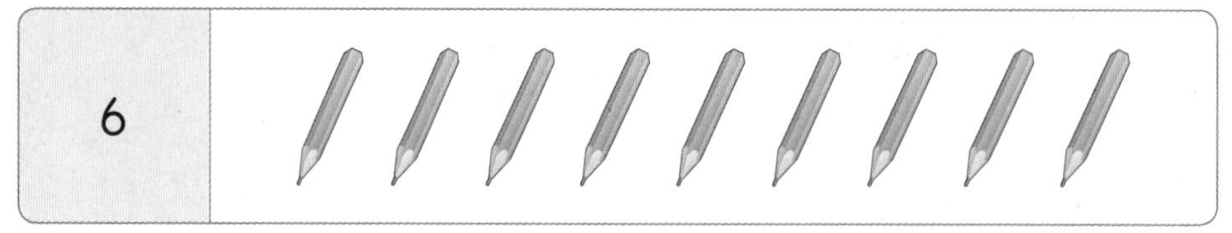

전략 6만큼 연필의 수를 세어 보자.

❶ 위 그림에서 6만큼 연필을 세어 ⬭로 묶기

전략 ⬭로 묶지 않은 연필의 수를 세어 보자.

❷ 묶지 않은 연필의 수 : ☐

답 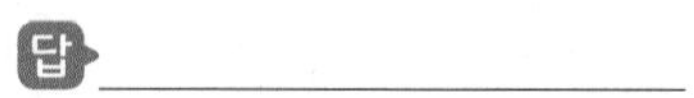

기준에 따라 달라지는 순서 알아보기

선행 문제 해결 전략

• 순서 알아보기

수의 순서를 알아볼 때에는 첫째가 되는 기준을 찾자.

예 **앞에서 넷째**

(앞) ○ ○ ○ ● ○ ○ (뒤)
첫째 둘째 셋째 넷째

예 **오른쪽에서 넷째**

(왼쪽) ○ ● ○ ○ ○ (오른쪽)
넷째 셋째 둘째 첫째

선행 문제 2

순서에 알맞게 색칠해 보세요.

(1) 앞에서 여섯째

(앞) ○ ○ ○ ○ ○ ○ ○ (뒤)

(2) 오른쪽에서 셋째

(왼쪽) ○ ○ ○ ○ ○ ○ (오른쪽)

실행 문제 2

8명이 한 줄로 서 있습니다./
태형이는 왼쪽에서 넷째에 서 있다면/ 오른쪽에서 몇째에 서 있는 것인가요?

전략 ○를 한 줄로 8개 그려 보자.

❶ 8명을 ○로 나타내기

전략 왼쪽에서 첫째, 둘째……로 세어 태형이가 서 있는 곳을 알아보자.

❷ ❶의 그림에서 왼쪽에서 넷째에 색칠하기

전략 ❷에서 색칠한 곳은 오른쪽에서 몇째인지 세어 보자.

❸ ❷의 그림에서 태형이의 순서 : 오른쪽에서 [ ]

답 ______

③ 몇째와 몇째 사이에 있는 것 구하기

선행 문제 해결 전략

예 왼쪽에서 넷째와 여섯째 사이에 있는 수 구하기

넷째 여섯째

(왼쪽)	1	2	3	④	**5**	⑥	7	8

넷째와 여섯째 사이에 있는 수

예 오른쪽에서 둘째와 다섯째 사이에 있는 수 모두 구하기

다섯째 둘째

2	3	4	⑤	**6**	**7**	⑧	9	(오른쪽)

둘째와 다섯째 사이에 있는 수

① 기준에 맞는 순서를 찾아 ○표 하고
② 그 사이에 있는 수를 구하자.

선행 문제 3

(1) 왼쪽에서 다섯째와 일곱째 사이에 있는 수를 구해 보세요.

1	4	3	7	5	8	6	2	9

풀이 왼쪽에서 다섯째와 일곱째 수에 각각 ○표 한다. ○표 한 두 수 사이에 있는 수는 ☐이다.

(2) 오른쪽에서 여섯째와 아홉째 사이에 있는 수를 모두 구해 보세요.

1	2	3	4	5	6	7	8	9

풀이 오른쪽에서 여섯째와 아홉째 수에 각각 ○표 한다. ○표 한 두 수 사이에 있는 수는 ☐, ☐이다.

실행 문제 3

9마리의 동물이 한 줄로 있습니다./
출입문에서 다섯째와 여덟째 사이에 있는 동물의 이름을 모두 써 보세요.

전략 출입문에서 첫째에 있는 동물부터 순서를 세어 보자.

❶ 출입문에서 다섯째와 여덟째에 있는 동물에 각각 ○표 하기

전략 ❶에서 ○표 한 두 동물 사이에 있는 동물의 이름을 차례로 써 보자.

❷ 다섯째와 여덟째 사이에 있는 동물 : ☐, ☐

답 

1만큼 더 큰(작은) 수 구하기

선행 문제 해결 전략

예 4보다 1만큼 더 작은 수,
4보다 1만큼 더 큰 수 구하기

3 ← 1만큼 더 작은 수 — 4
4 바로 앞의 수

➔ 4보다 1만큼 더 작은 수는 3이다.

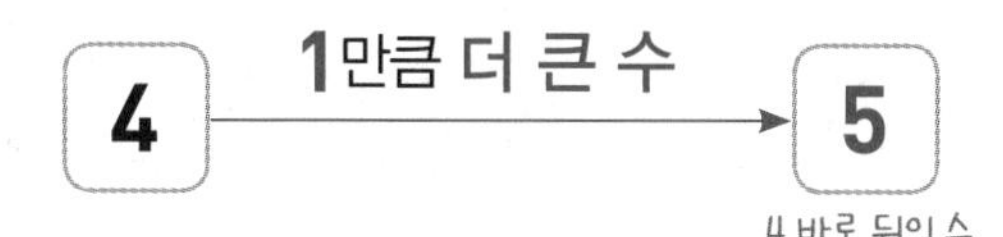

➔ 4보다 1만큼 더 큰 수는 5이다.

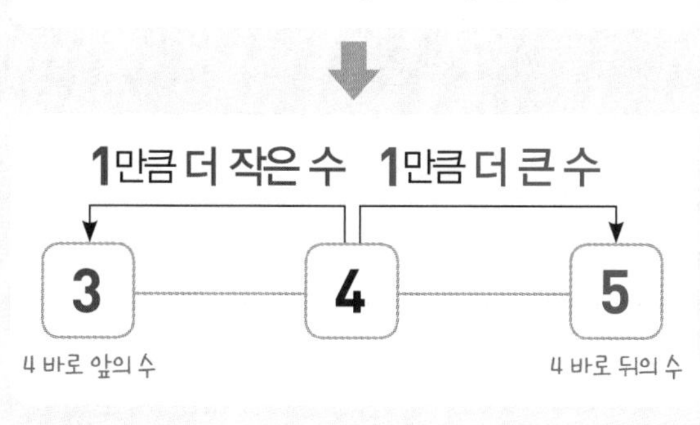

선행 문제 4

☐ 안에 알맞은 수를 구해 보세요.

(1) 5보다 1만큼 더 큰 수는 ☐입니다.

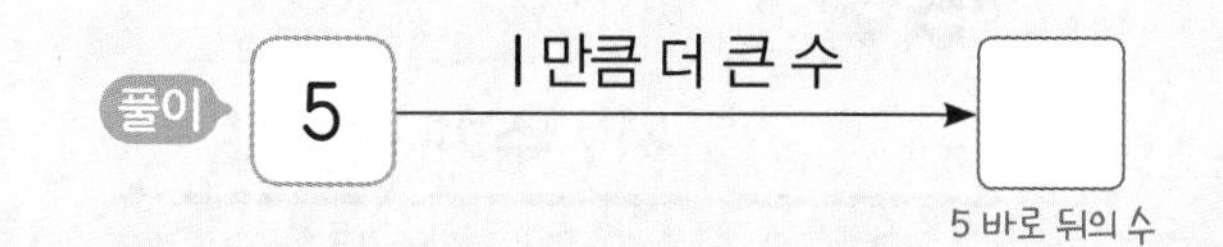

(2) 6보다 1만큼 더 작은 수는 ☐입니다.

실행 문제 4

정국이가 받은 사탕은 8개이고/
지민이는 정국이보다 1개 더 많이 받았습니다./
지민이가 받은 사탕은 몇 개인가요?

❶ 지민이가 받은 사탕은 ☐개보다 1개 더 많다.

전략 1만큼 더 큰 수를 구할지, 1만큼 더 작은 수를 구할지 정하자.

❷ 1개 더 많은 사탕 수를 구해야 하므로 8보다 1만큼 더 (큰 , 작은) 수를 구한다.

❸ 지민이가 받은 사탕 수 : ☐개

답 

문제 해결력 기르기

5 가장 큰(작은) 수 구하기

선행 문제 해결 전략

• 수의 크기 비교하기

수를 **순서대로 써서** 크기를 비교할 수 있어.

수가 커진다.

1 2 3 4 5 6 7 8 9

수가 작아진다.

예 가장 큰 수와 가장 작은 수 각각 찾기

5 8 2

주어진 수를 작은 수부터 순서대로 쓰면 2, 5, 8이다.

➔ 가장 큰 수 : 8, 가장 작은 수 : 2

선행 문제 5

가장 큰 수와 가장 작은 수를 각각 찾아 보세요.

1 6 4

풀이 주어진 수를 작은 수부터 순서대로 쓰면 1, ☐, ☐이다.

➔ 가장 큰 수 : ☐

가장 작은 수 : ☐

실행 문제 5

동물 농장에 토끼가 7마리, 닭이 5마리, 돼지가 4마리 있습니다./
동물 농장에 가장 많이 있는 동물은 무엇인가요?

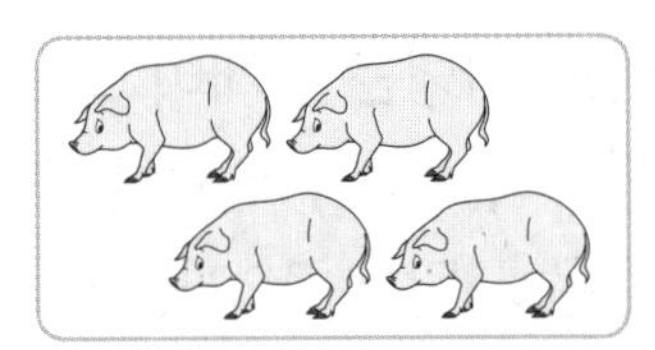

전략 가장 큰 수를 찾을지, 가장 작은 수를 찾을지 정하자.

❶ 가장 많이 있는 동물을 구해야 하므로 가장 (큰 , 작은) 수를 찾는다.

전략 세 수 7, 5, 4의 크기를 비교해 보자.

❷ 7, 5, 4 중에서 가장 큰 수 : ☐

❸ 가장 많이 있는 동물 : ☐

답 ____________

■보다 큰(작은) 수 구하기

선행 문제 해결 전략

예 3보다 큰 수, 작은 수 구하기

1—2—3—4—5

(1) 3보다 **큰 수는** 수를 순서대로 썼을 때 3보다 **오른쪽에 있는 수**로 4, 5이다.

(2) 3보다 **작은 수는** 수를 순서대로 썼을 때 3보다 **왼쪽에 있는 수**로 1, 2이다.

주의 3보다 큰 수, 3보다 작은 수에 3은 들어가지 않는다.

선행 문제 6

(1) 7보다 큰 수를 모두 써 보세요.

6—7—8—9

풀이 수를 순서대로 썼을 때 7보다 오른쪽에 있는 수이므로 ☐, ☐이다.

(2) 5보다 작은 수를 모두 써 보세요.

3—4—5—6

풀이 수를 순서대로 썼을 때 5보다 왼쪽에 있는 수이므로 ☐, ☐이다.

실행 문제 6

6보다 큰 수를 모두 써 보세요.

8 6 5 7

전략 1부터 시작하는 수의 순서를 생각해 보자.

❶ 주어진 수를 작은 수부터 순서대로 쓰기 :

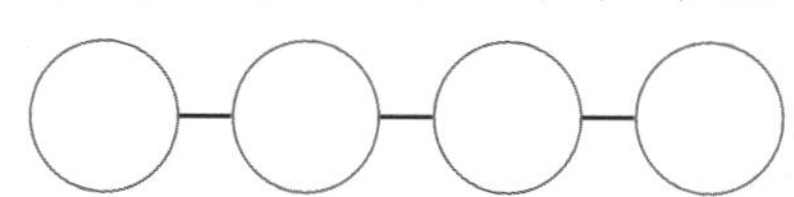

전략 ❶에서 6보다 오른쪽에 쓴 수를 찾자.

❷ 6보다 큰 수 : ☐, ☐

답 ________

쌍둥이 문제 6-1

4보다 작은 수를 모두 써 보세요.

5 2 4 3

실행 문제 따라 풀기

❶

❷

답 ________

수학 사고력 키우기

묶고 남은 수를 세어 보기

연계학습 006쪽

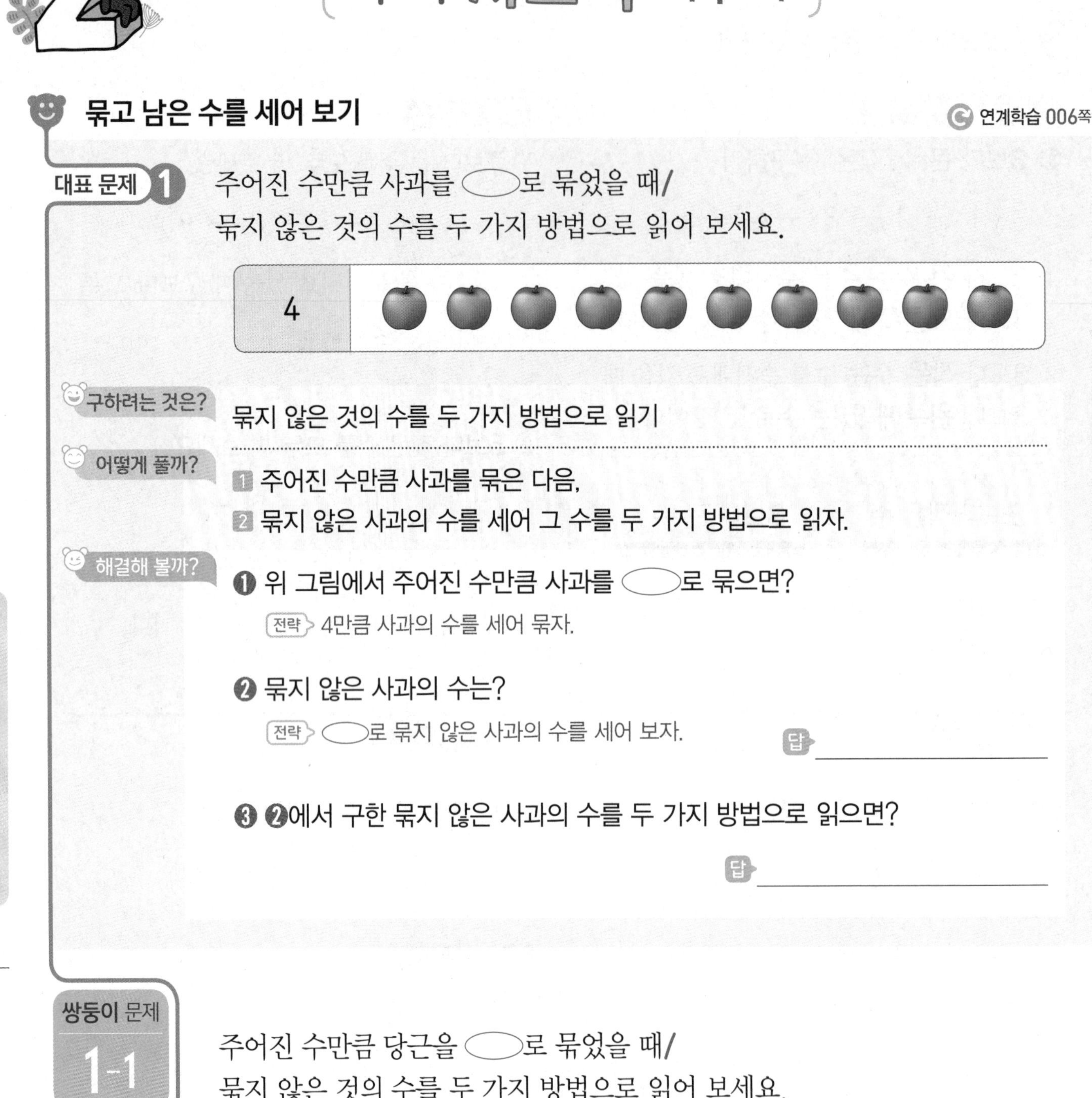

대표 문제 1

주어진 수만큼 사과를 ⬭로 묶었을 때/
묶지 않은 것의 수를 두 가지 방법으로 읽어 보세요.

4	🍎🍎🍎🍎🍎🍎🍎🍎🍎🍎

구하려는 것은? 묶지 않은 것의 수를 두 가지 방법으로 읽기

어떻게 풀까?
1 주어진 수만큼 사과를 묶은 다음,
2 묶지 않은 사과의 수를 세어 그 수를 두 가지 방법으로 읽자.

해결해 볼까?

❶ 위 그림에서 주어진 수만큼 사과를 ⬭로 묶으면?

전략 4만큼 사과의 수를 세어 묶자.

❷ 묶지 않은 사과의 수는?

전략 ⬭로 묶지 않은 사과의 수를 세어 보자.

답 ______________

❸ ❷에서 구한 묶지 않은 사과의 수를 두 가지 방법으로 읽으면?

답 ______________

쌍둥이 문제 1-1

주어진 수만큼 당근을 ⬭로 묶었을 때/
묶지 않은 것의 수를 두 가지 방법으로 읽어 보세요.

7	🥕🥕🥕🥕🥕🥕🥕🥕🥕🥕

대표 문제 따라 풀기

❶

❷

❸

답 ______________

기준에 따라 달라지는 순서 알아보기

연계학습 007쪽

대표 문제 2 원호와 친구 8명이 한 줄로 서 있습니다./ 원호가 오른쪽에서 넷째에 서 있다면/ 왼쪽에서 몇째에 서 있나요?

구하려는 것은? 원호가 왼쪽에서부터 서 있는 순서

주어진 것은?
- 원호와 친구 ☐ 명
- 원호가 오른쪽에서 넷째에 서 있다.

해결해 볼까?

❶ 원호와 친구 8명을 ○로 나타내면?

전략 ○를 한 줄로 나타내자.

❷ ❶의 그림에서 오른쪽에서 넷째에 색칠하기

❸ ❷의 그림에서 원호는 왼쪽에서 몇째?

전략 ❷에서 색칠한 곳은 왼쪽에서 몇째인지 세어 보자.

답 ____________

쌍둥이 문제 2-1 지민이와 친구 7명이 한 줄로 서 있습니다./ 지민이가 왼쪽에서 여섯째에 서 있다면/ 오른쪽에서 몇째에 서 있나요?

대표 문제 따라 풀기

❶

❷

❸

답 ____________

몇째와 몇째 사이에 있는 것 구하기

연계학습 008쪽

대표 문제 3 9명의 어린이가 달리기를 하고 있습니다./
결승선에서 2등과 6등 사이에 달리고 있는 어린이의 이름을 모두 써 보세요.

구하려는 것은?

2등과 ☐등 사이에 달리고 있는 어린이

주어진 것은?

한 줄로 달리고 있는 9명의 어린이

해결해 볼까?

❶ 위 그림에서 2등과 6등으로 달리고 있는 어린이에 각각 ○표 하기

전략 결승선에 가까울수록 1등, 2등……으로 달리고 있는 것이다.

❷ 결승선에서 2등과 6등 사이에 달리고 있는 어린이는?

전략 ❶에서 ○표 한 두 어린이 사이에 달리고 있는 어린이를 알아보자.

답 ____________________

쌍둥이 문제 3-1

9명의 어린이가 달리기를 하고 있습니다./
결승선에서 5등과 8등 사이에 달리고 있는 어린이의 이름을 모두 써 보세요.

대표 문제 따라 풀기

❶

❷

답 ____________________

1만큼 더 큰(작은) 수 구하기

연계학습 009쪽

대표 문제 4 해준이가 읽은 동화책은 5권이고/ 민호보다 1권 더 적게 읽었습니다./ 민호가 읽은 동화책은 몇 권인가요?

구하려는 것은? 민호가 읽은 동화책 수

주어진 것은?

- 해준이가 읽은 동화책 수 : ☐ 권
- 해준이는 동화책을 민호보다 ☐ 권 더 적게 읽었다.

해결해 볼까?

❶ 알맞은 말에 ○표 하기

전략 민호가 읽은 동화책 수를 거꾸로 생각해 보자.

해준이가 민호보다 1권 더 적게 읽었으므로 민호는 해준이보다 1권 더 (많이 , 적게) 읽었다.

❷ 민호가 읽은 동화책은 몇 권?

답 ____________

쌍둥이 문제 4-1

윤호가 먹은 딸기는 8개이고/ 서현이보다 1개 더 많이 먹었습니다./ 서현이가 먹은 딸기는 몇 개인가요?

❶

❷

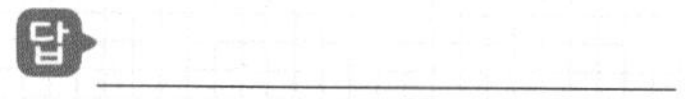

가장 큰(작은) 수 구하기

연계학습 010쪽

대표 문제 5 딱지를 지훈이는 9개, 현우는 4개, 일훈이는 7개 가지고 있습니다./ 딱지를 가장 적게 가지고 있는 어린이는 누구인가요?

구하려는 것은? 딱지를 가장 적게 가지고 있는 어린이

주어진 것은? 지훈, 현우, 일훈이가 가지고 있는 딱지의 수

해결해 볼까?

❶ 알맞은 말에 ○표 하기

전략 가장 큰 수를 찾을지, 가장 작은 수를 찾을지 정하자.

가장 적게 가지고 있는 어린이를 구해야 하므로
가장 (큰 , 작은) 수를 찾는다.

❷ 9, 4, 7 중에서 가장 작은 수는?

전략 세 수 9, 4, 7의 크기를 비교해 보자.

답 ______________

❸ 딱지를 가장 적게 가지고 있는 어린이는?

답 ______________

쌍둥이 문제 5-1 사탕을 윤기는 3개, 우진이는 8개, 성재는 6개 가지고 있습니다./ 사탕을 가장 많이 가지고 있는 어린이는 누구인가요?

대표 문제 따라 풀기

❶

❷

❸

답 ______________

■보다 큰(작은) 수 구하기

연계학습 011쪽

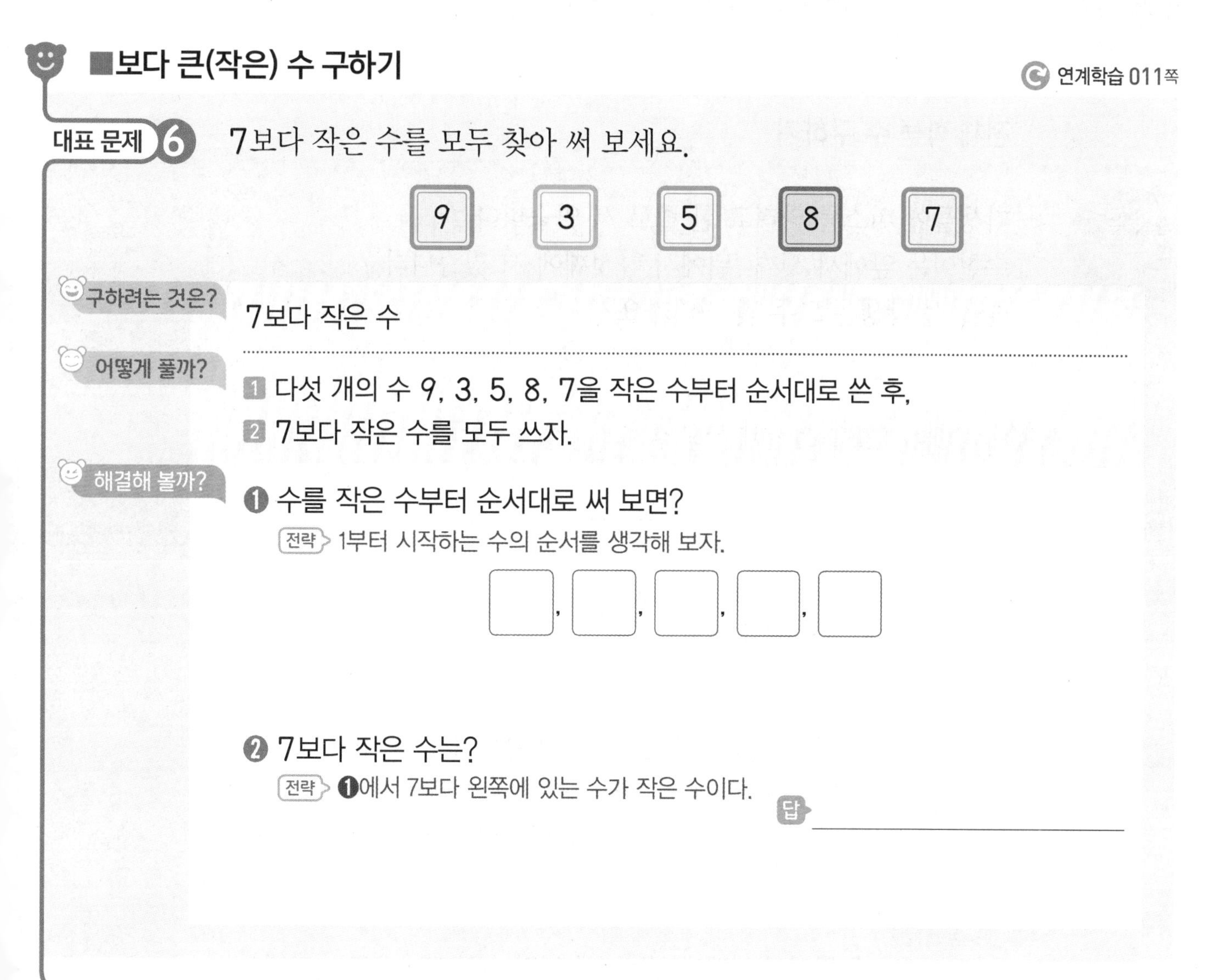

대표 문제 6 7보다 작은 수를 모두 찾아 써 보세요.

9 3 5 8 7

구하려는 것은? 7보다 작은 수

어떻게 풀까?
1 다섯 개의 수 9, 3, 5, 8, 7을 작은 수부터 순서대로 쓴 후,
2 7보다 작은 수를 모두 쓰자.

해결해 볼까?
❶ 수를 작은 수부터 순서대로 써 보면?
전략 1부터 시작하는 수의 순서를 생각해 보자.

☐, ☐, ☐, ☐, ☐

❷ 7보다 작은 수는?
전략 ❶에서 7보다 왼쪽에 있는 수가 작은 수이다.

답 ____________

쌍둥이 문제 6-1

5보다 큰 수를 모두 찾아 써 보세요.

대표 문제 따라 풀기

❶

❷

답 ____________

수학 독해력 완성하기

전체 학생 수 구하기

독해 문제 1

학생들이 버스를 타려고 한 줄로 서 있습니다./
수현이는 앞에서 셋째, 뒤에서 다섯째에 서 있습니다./
줄을 선 학생은 모두 몇 명인가요?

구하려는 것은? 줄을 선 전체 학생 수

주어진 것은?
- 수현이는 앞에서 [ ]
- 수현이는 뒤에서 [ ]

어떻게 풀까?
1 앞에서 셋째에 있는 수현이의 순서를 ○로 나타내고,
2 1의 수현이의 순서까지 뒤에서 다섯째를 이어서 나타낸 후,
3 ○의 수를 세어 줄을 선 전체 학생 수를 구하자.

해결해 볼까?

❶ 앞에서 셋째에 있는 수현이의 순서까지 ○로 나타내기

[ ]

❷ ❶에 이어 뒤에서 다섯째에 있는 수현이의 순서까지 ○로 나타내기

❸ 줄을 선 학생은 모두 몇 명?

전략 (❶, ❷에서 나타낸 ○의 수)
=(줄을 선 전체 학생 수)

답 ______________

■보다 크고 ●보다 작은 수 구하기

독해 문제 2

3보다 크고 7보다 작은 수를 모두 구해 보세요.

4　7　3　5　0　8

구하려는 것은? 3보다 크고 7보다 작은 수

주어진 것은? 주어진 수 : 4, 7, 3, 5, 0, 8

어떻게 풀까?
1 수를 작은 수부터 순서대로 쓰고,
2 3보다 큰 수를 구한 다음,
3 2에서 구한 수 중에서 7보다 작은 수를 구하자.

해결해 볼까?

❶ 주어진 수를 작은 수부터 순서대로 ☐ 안에 써넣기

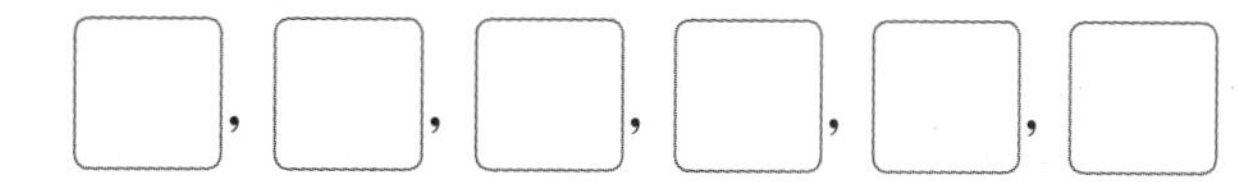

❷ 3보다 큰 수는?

답

❸ ❷에서 구한 수 중에서 7보다 작은 수는?

답

❹ 3보다 크고 7보다 작은 수는?

답

수학 독해력 완성하기

가장 큰(작은) 수 구하기

연계학습 015, 016쪽

독해 문제 3

젤리를 지효는 4개, 소민이는 6개,/
광수는 소민이보다 1개 더 적게 먹었습니다./
젤리를 가장 많이 먹은 사람은 누구인가요?

구하려는 것은? 젤리를 가장 많이 먹은 사람

주어진 것은?
- 지효가 먹은 젤리의 수 : □개
- 소민이가 먹은 젤리의 수 : □개
- 광수가 먹은 젤리의 수 : 소민이보다 1개 더 적게 먹었다.

어떻게 풀까?
1 광수가 먹은 젤리의 수를 구하고,
2 세 수의 크기를 비교하여 가장 큰 수를 구한 다음,
3 젤리를 가장 많이 먹은 사람을 구하자.

해결해 볼까?

❶ 광수가 먹은 젤리는 몇 개?

답 ______________

❷ 젤리의 수를 비교하여 가장 큰 수 구하기

답 ______________

❸ 젤리를 가장 많이 먹은 사람은 누구?

답 ______________

공통으로 들어갈 수 있는 수 구하기

독해 문제 4

1부터 9까지의 수 중에서/
㉠, ㉡에 공통으로 들어갈 수 있는 수를 모두 구해 보세요.

- ㉠은 7보다 작습니다.
- 4는 ㉡보다 큽니다.

구하려는 것은? ㉠, ㉡에 공통으로 들어갈 수 있는 수

주어진 것은?
- 1부터 9까지의 수
- ㉠은 ☐보다 작다.
- ☐는 ㉡보다 크다.

어떻게 풀까?
1 ㉠에 들어갈 수 있는 수를 모두 구하고,
2 ㉡에 들어갈 수 있는 수를 모두 구한 다음,
3 1과 2에서 구한 수 중에서 공통으로 들어갈 수 있는 수를 모두 구하자.

해결해 볼까?

❶ ㉠에 들어갈 수 있는 수는?

답 ______________

❷ ㉡에 들어갈 수 있는 수는?

답 ______________

❸ ㉠, ㉡에 공통으로 들어갈 수 있는 수는?

답 ______________

창의·융합·코딩 체험하기

1 은서는 칠판이 있는 앞에서 몇째에 앉아 있는지 써 보세요.

재영	은서	재민	소라	민수
호열	수지	경상	지민	윤기
지호	민아	경석	하나	대현
세찬	지영	은태	소연	상현

칠판

2 왼쪽의 로봇과 똑같은 로봇을 만들기 위해 다음과 같이 코딩을 실행하였습니다./
로봇은 모두 몇 개가 되었는지 세어 보세요./
(단, 왼쪽의 로봇도 포함하여 셉니다.)

시작하기 버튼을 클릭했을 때
6 번 반복하기
자신▼ 과 똑같은 로봇 1개 만들기

컴퓨터로 이야기를 만들려고 등장인물인 개미를 화면으로 불렀습니다./
그림을 보고 ☐ 안에 알맞은 수를 써넣으세요.

한 마리 더 불러오는 것은
1만큼 더 큰 수를 말해.

현재 화면에 보이는 개미의 수는 ☐ 마리이고 개미를 한 마리 더 불러오면 개미의 수는 모두 ☐ 마리가 됩니다.

백설공주와 일곱 난쟁이가 일을 끝내고 집에 들어가려고 합니다./
문 앞에서 다섯째와 일곱째 사이에 서 있는 사람이 쓴 모자는 무슨 색인가요?

문 앞에 가장
가깝게 서 있는
사람이 첫째야~

답 ________________

창의·융합·코딩 체험하기

ㅣ부터 9까지의 수가 있습니다./
작은 수부터 수의 순서대로 선을 그어 보고/
만들어진 모양의 이름을 써 보세요.

2• 출발 •ㅣ 3• 5• •8 4 9 6• •7

출발부터 선을 그어야 해.
선을 다 그었을 때 만들어진
것은 뭘까?

답 ____________

마트에서 생수, 과자, 물티슈를 각각 여러 개 묶어 한 묶음으로 싸게 팔고 있습니다./
한 묶음의 물건의 수가 많은 물건부터 순서대로 써 보세요.

생수(6개)	과자(5개)	물티슈(8개)

 ____________

다음은 스포츠게임에 따라 경기장에 들어가는 팀별 선수의 인원입니다./
경기장에 들어가는 선수가 가장 많은 스포츠의 이름을 써 보세요.

농구(5명)	핸드볼(7명)	컬링(4명)

오랜만에 친척들이 모여 피자를 시켰습니다./
피자를 한 조각씩 나눠 먹었더니 1조각이 남았습니다./
모인 친척은 모두 몇 명인가요?

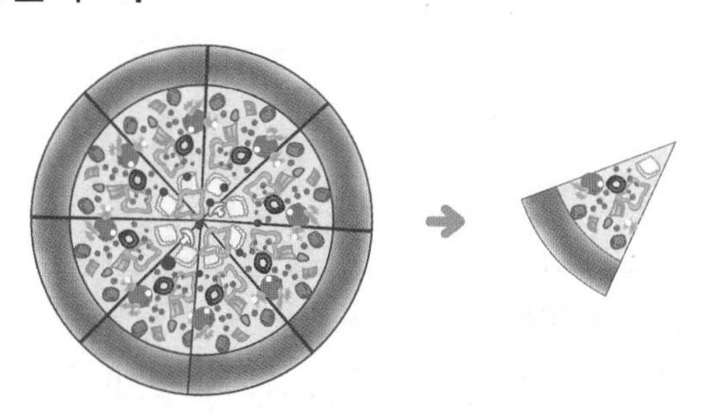

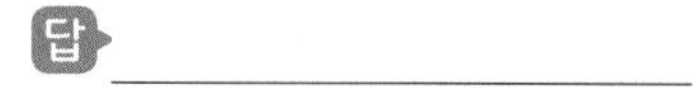

종합평가

실전 마무리 하기

맞힌 문제 수 개/10개

나타내는 수가 다른 수 찾기

1 나타내는 수가 다른 하나를 찾아 써 보세요.

8	여섯	팔	여덟

답 ____________

묶고 남은 수를 세어 보기 012쪽

2 주어진 수만큼 조개를 ⬭로 묶었을 때 묶지 않은 것의 수를 두 가지 방법으로 읽어 보세요.

5	🐚 🐚 🐚 🐚 🐚 🐚 🐚

풀이

답 ____________

기준에 따라 달라지는 순서 알아보기 013쪽

3 성재와 친구 5명이 한 줄로 서 있습니다. 성재가 왼쪽에서 셋째에 서 있다면 오른쪽에서 몇째에 서 있나요?

풀이

답 ____________

몇째와 몇째 사이에 있는 것 구하기 014쪽

4 오른쪽은 백화점에 층별로 있는 매장입니다. 4층과 7층 사이에 있는 매장을 모두 써 보세요. (단, 1층부터 시작합니다.)

가전
스포츠의류
아동의류
숙녀정장
신사정장
액세서리
신발

풀이

답 ______________________

1만큼 더 큰(작은) 수 구하기 015쪽

5 윤기가 먹은 체리는 5개이고 초희보다 1개 더 많이 먹었습니다. 초희가 먹은 체리는 몇 개인가요?

답 ______________

가장 큰(작은) 수 구하기 016쪽

6 레고 자동차를 지성이는 2개, 태형이는 7개, 석진이는 4개 가지고 있습니다. 레고 자동차를 가장 많이 가지고 있는 어린이는 누구인가요?

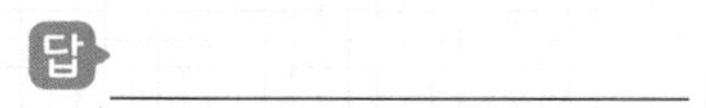

전체 학생 수 구하기 018쪽

7 학생들이 박물관에 들어가려고 한 줄로 서 있습니다. 무선이는 앞에서 넷째, 뒤에서 둘째에 서 있습니다. 줄을 선 학생은 모두 몇 명인가요?

답 ____________

■보다 크고 ●보다 작은 수 구하기 019쪽

8 2보다 크고 6보다 작은 수를 모두 구해 보세요.

1	4	9	6	3	8

풀이

답 ____________

가장 큰(작은) 수 구하기 020쪽

9 초콜릿을 재석이는 6개, 석진이는 8개, 세찬이는 석진이보다 1개 더 적게 먹었습니다. 초콜릿을 가장 많이 먹은 사람은 누구인가요?

답

공통으로 들어갈 수 있는 수 구하기 021쪽

10 1부터 9까지의 수 중에서 ㉠, ㉡에 공통으로 들어갈 수 있는 수를 모두 구해 보세요.

- ㉠은 9보다 작습니다.
- 5는 ㉡보다 큽니다.

답

2 여러 가지 모양

FUN한 기억 노트

물건을 보고 어떤 모양이라고 하는지 써 볼까?

→ ______ → ______ → ______

모양의 특징에 대해 써 보자.

① 평평한 부분과 [　　] 부분이 있어.

② 쉽게 쌓을 수 (있어 , 없어).

③ ______

모양의 특징에 대해 써 보자.

① 평평한 부분과 [　　] 부분이 있고 기둥 모양이 있어.

② [　　] 부분으로 쌓으면 잘 쌓을 수 있어.

③ 눕혀서 굴리면 잘 [　　].

쓸 줄 알아야 **진짜 실력!**

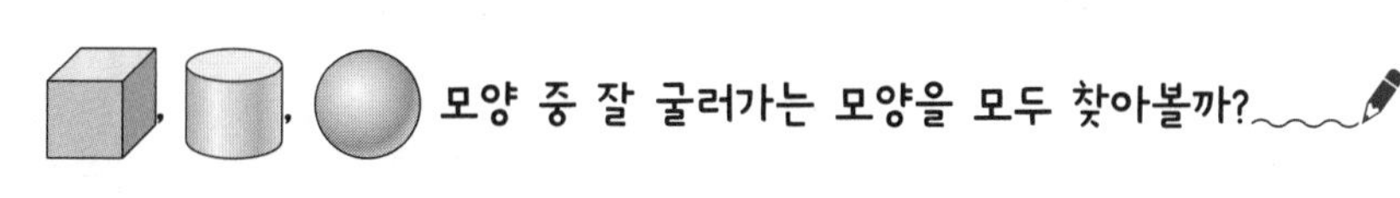
모양 중 잘 굴러가는 모양을 모두 찾아볼까?

모양 중 ____________ 모양이야.

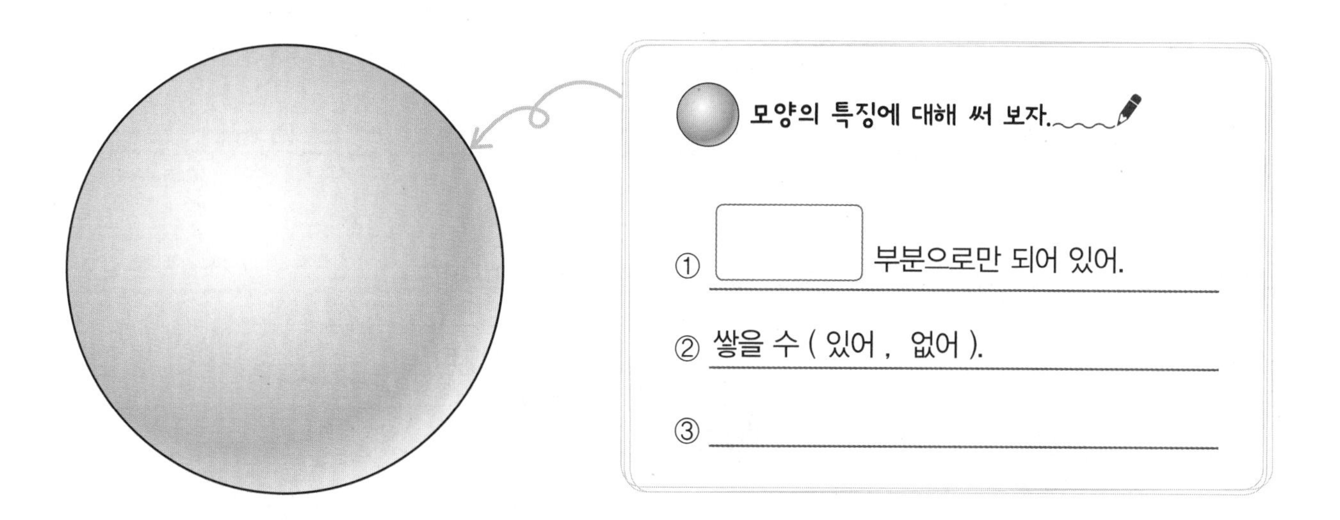

모양의 특징에 대해 써 보자.

① [ ] 부분으로만 되어 있어.

② 쌓을 수 (있어 , 없어).

③ ____________

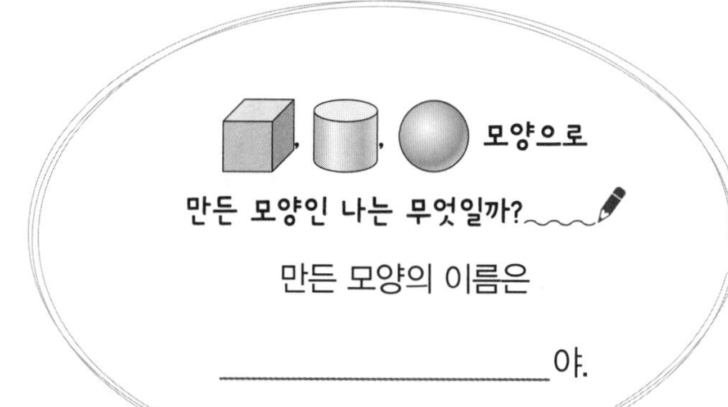
모양으로 만든 모양인 나는 무엇일까?

만든 모양의 이름은

____________ 야.

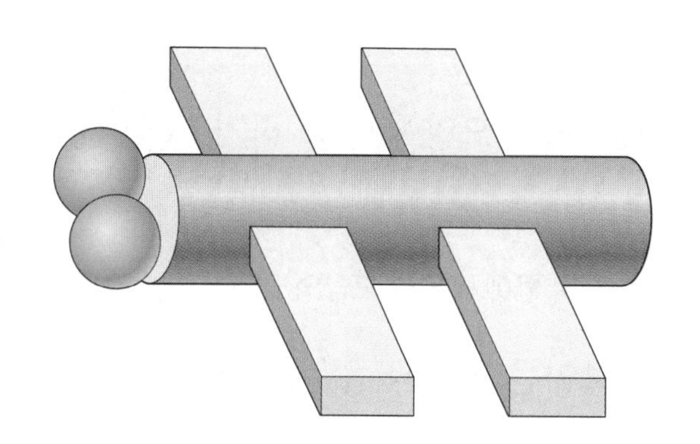

문제 해결력 기르기

1 일부분을 보고 같은 모양인 물건 찾기

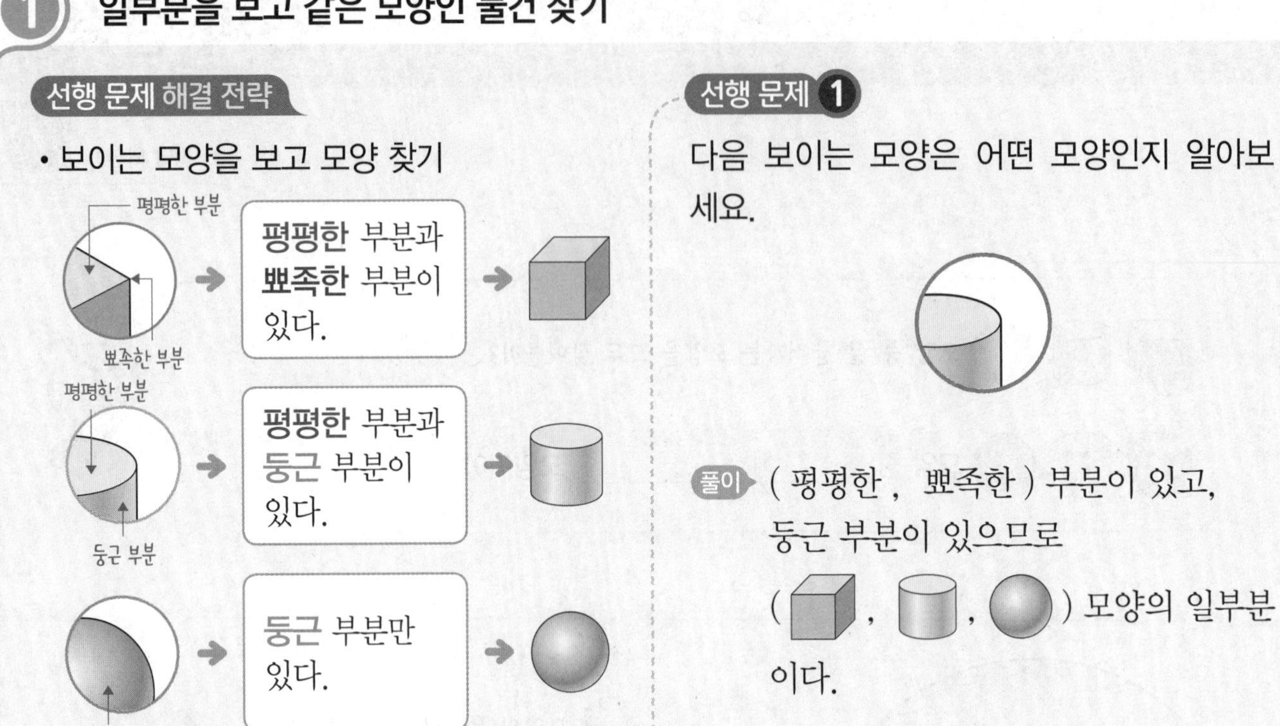

실행 문제 1

다음의 보이는 모양과 같은 모양의 물건을 찾아 기호를 써 보세요.

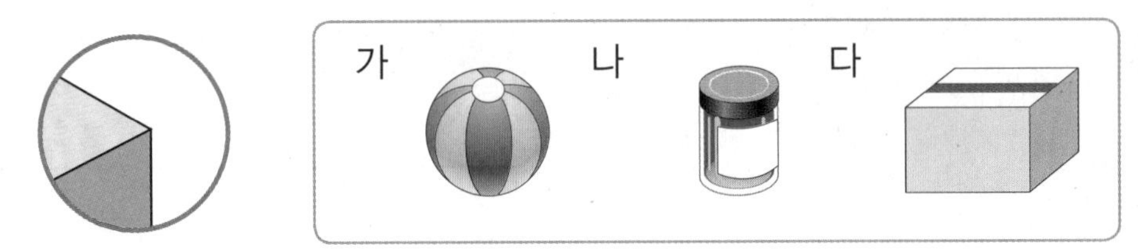

전략 보이는 부분이 평평한지, 둥근지, 뾰족한지 알아보자.

❶ 보이는 모양의 특징에 ○표 하기 :
(평평한 , 둥근) 부분이 있고, (둥근 , 뾰족한) 부분이 있다.

❷ 보이는 모양에 ○표 하기 : (, ,)

전략 위 ❷에서 답한 모양의 물건을 찾아 기호를 쓰자.

❸ 보이는 모양과 같은 모양의 물건 :

② 이용하지 않은 모양 알아보기

선행 문제 해결 전략

• 모양의 특징을 찾아 모양 알아보기

크기나 색이 달라도
특징이 같으면 같은 모양이야.

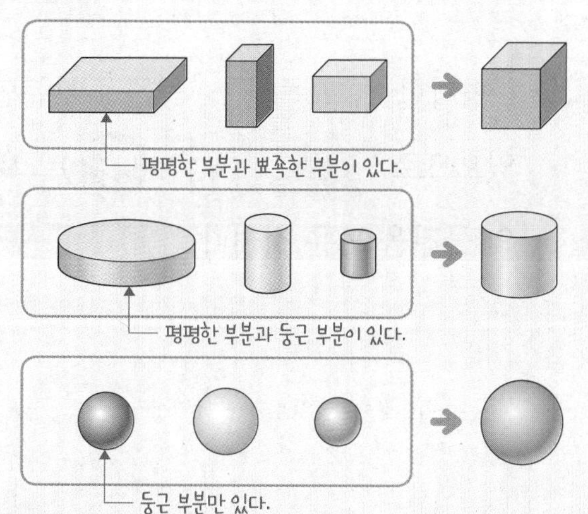

선행 문제 2

오른쪽 모양을 만드는 데 이용한 모양을 찾아 기호를 써 보세요.

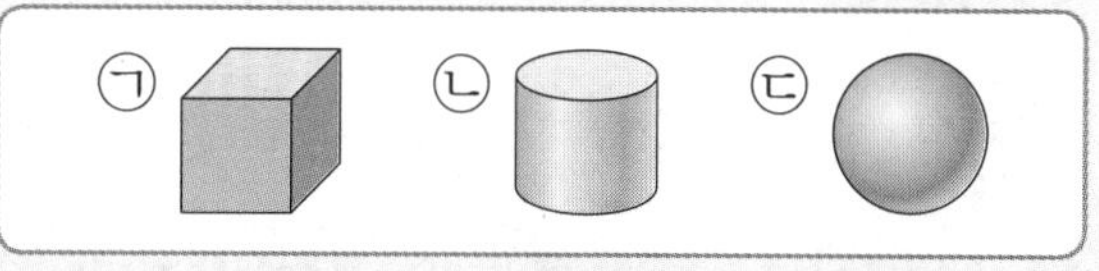

풀이 이용한 모양은 (평평한 , 둥근) 부분이 있고 뾰족한 부분이 있으므로
(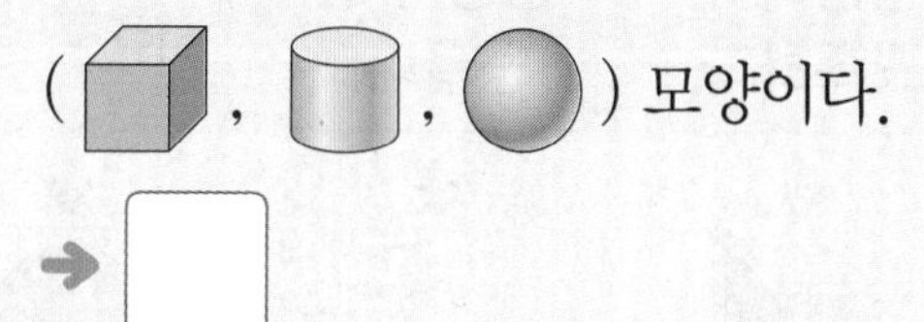) 모양이다.
→ □

실행 문제 2

다음 모양을 만드는 데/ 이용하지 않은 모양을 찾아 기호를 써 보세요.

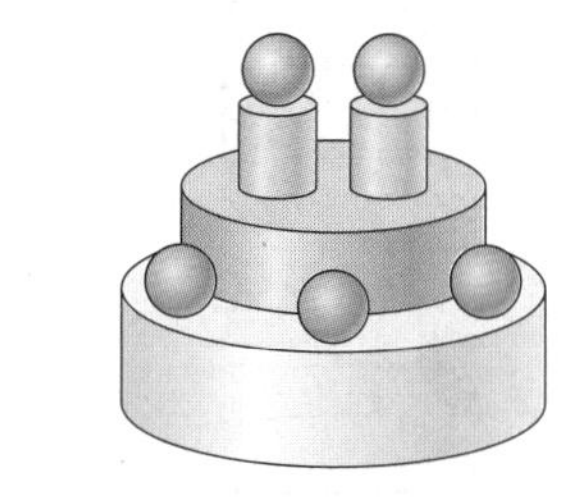

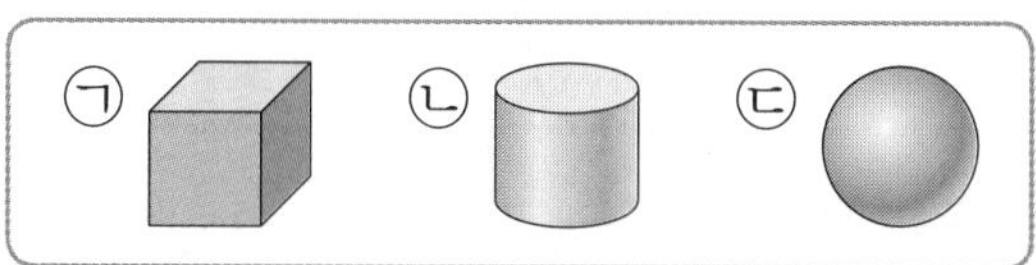

전략 모양의 특징을 알고 이용한 모양을 찾자.

❶ 이용한 모양 : □, □

전략 이용한 모양이 아닌 것을 찾자.

❷ 이용하지 않은 모양 : □

답 ____________

쌍둥이 문제 2-1

다음 모양을 만드는 데/ 이용하지 않은 모양을 찾아 기호를 써 보세요.

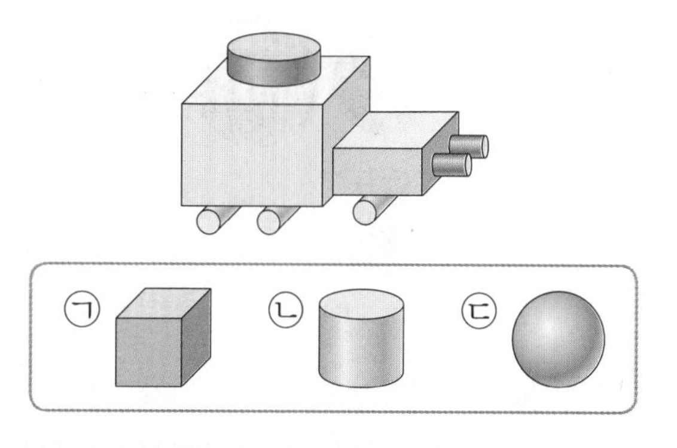

실행 문제 따라 풀기

❶

❷

답 ____________

③ 같은 모양끼리 모으기

선행 문제 해결 전략

예 모은 물건의 모양 알아보기

모은 물건의 모양을 보고 **공통점을 찾아** 어떤 모양인지 알아보자.

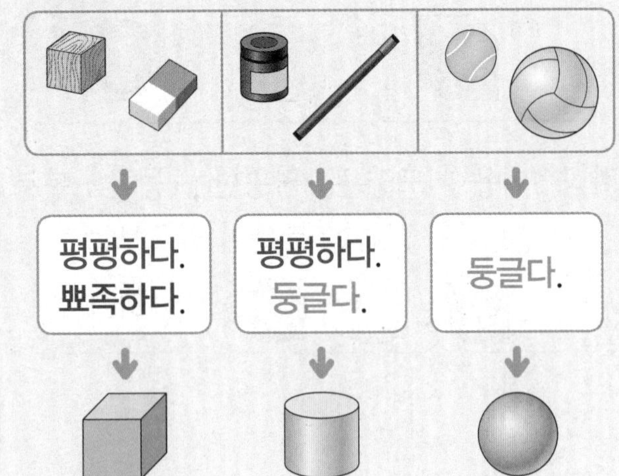

선행 문제 3

모은 물건의 모양을 알아보세요.

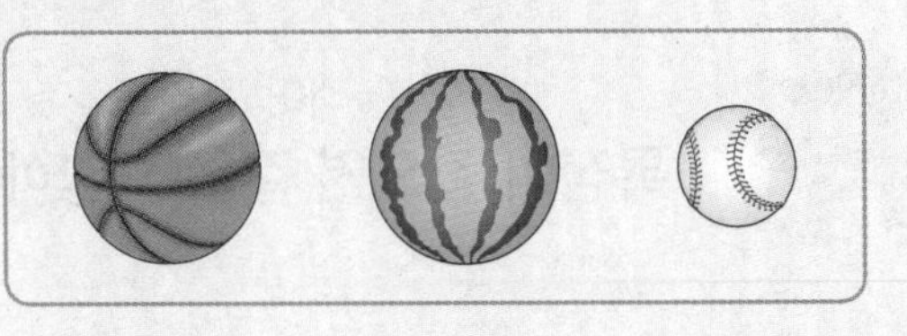

풀이 (평평한 , 뾰족한 , 둥근) 부분만 있으므로 (□ , □ , ○) 모양의 물건을 모은 것이다.

실행 문제 3

같은 모양의 물건끼리 모은 것을 찾아 기호를 써 보세요.

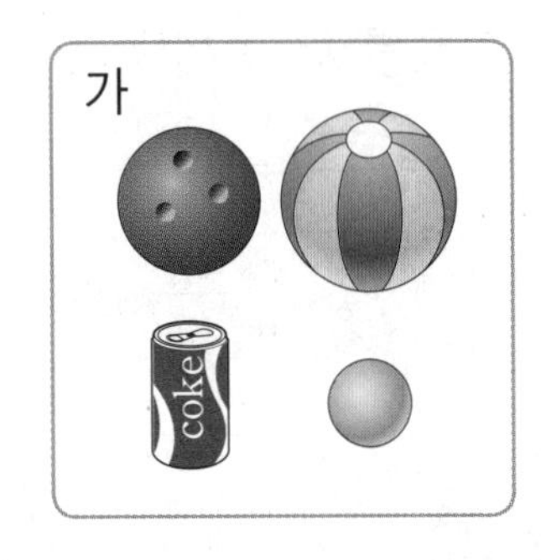

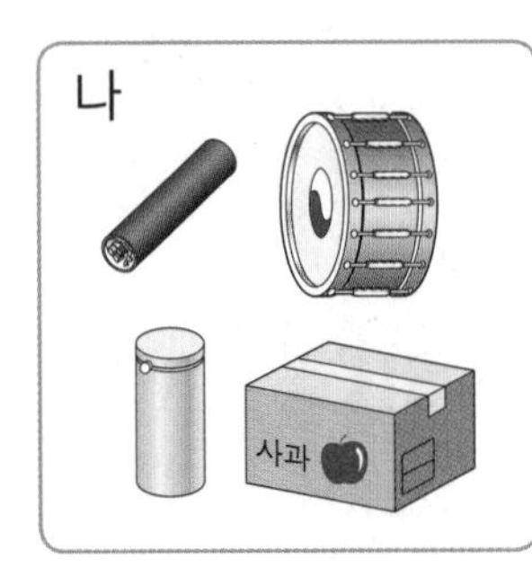

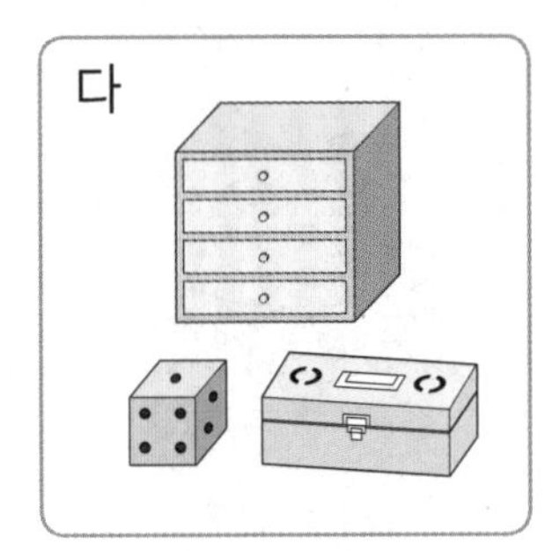

❶ 모은 물건의 모양에 모두 ○표 하기 :

가	나	다
(□ , □ , ○)	(□ , □ , ○)	(□ , □ , ○)

전략 모은 물건의 모양이 한 가지인 경우를 찾아 기호를 쓰자.

❷ 같은 모양의 물건끼리 모은 것 : □

답 

④ 설명에 알맞은 물건 찾기

선행 문제 해결 전략

• 모양의 특징 알아보기

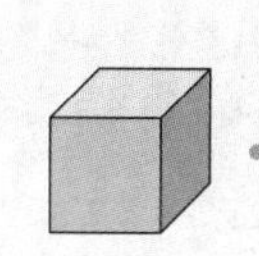

• **평평한** 부분과 **뾰족한** 부분이 있음.
• **잘 쌓을 수 있음.**
• 잘 굴러가지 않음.

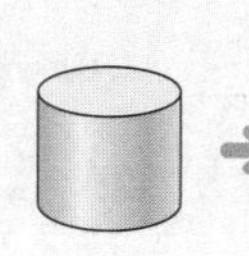

• **평평한** 부분과 **둥근** 부분이 있음.
• 세우면 **잘 쌓을 수 있음.**
• 눕히면 잘 굴러감.

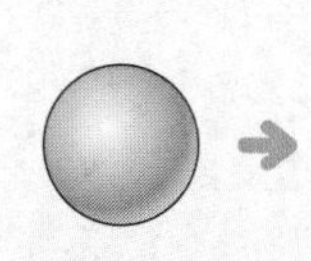

• **둥근** 부분만 있음.
• 잘 **쌓을 수 없음.**
• 잘 굴러감.

선행 문제 4

설명에 알맞은 모양을 찾아 선으로 이어 보세요.

모든 부분이 둥글어 잘 굴러갑니다. •	• 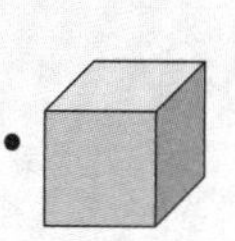
눕혀서 굴리면 잘 굴러갑니다. •	• 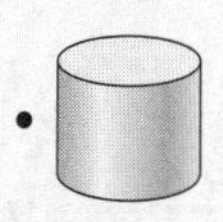
둥근 부분이 없어 잘 굴러가지 않습니다. •	• 

실행 문제 4

다영이가 설명하는 모양의/ 물건을 모두 찾아 기호를 써 보세요.

평평한 부분만 있어서
잘 굴러가지는 않지만
잘 쌓을 수 있는 모양이야.

가 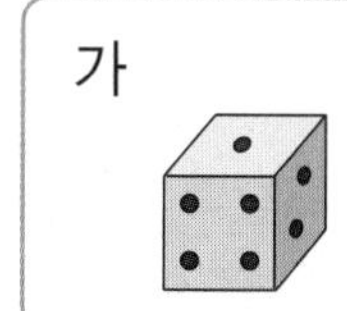 나  다  라

전략 평평한 부분만 있는 모양을 찾자.

❶ 설명에 알맞은 모양을 찾아 ○표 하기 : (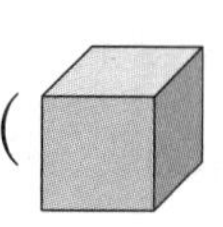 , 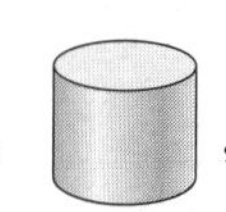 , 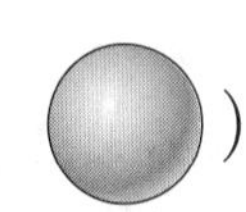)

전략 ❶에서 ○표 한 모양의 물건을 찾아 기호를 쓰자.

❷ 설명에 알맞은 모양의 물건 : ☐, ☐

답 ________________

문제 해결력 기르기

⑤ 주어진 모양으로 만들 수 있는 모양 찾기

해결 전략

예 [보기]의 모양으로 만들 수 있는 모양 찾아보기

[보기]

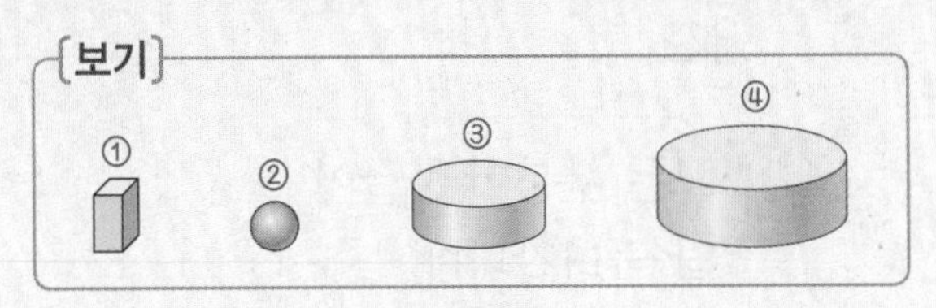

가 나

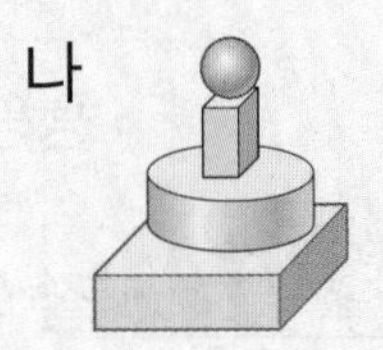

만든 모양에서 [보기]의 **모양을 찾아**
하나씩 지워가면서 알아보자.

① 가, 나에서 [보기]의 모양을 번호 순서대로 찾아 ×표 한다.

가

나

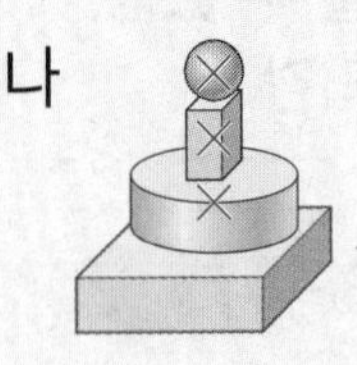

— ④와 같은 색이지만 모양이 달라요.

② 만들 수 있는 모양은 **×표를 모두 한 모양**이다.
➔ 만들 수 있는 모양 : 가

실행 문제 5

[보기]의 모양을 모두 사용하여 만들 수 있는 모양을 찾아 기호를 써 보세요.

[보기]

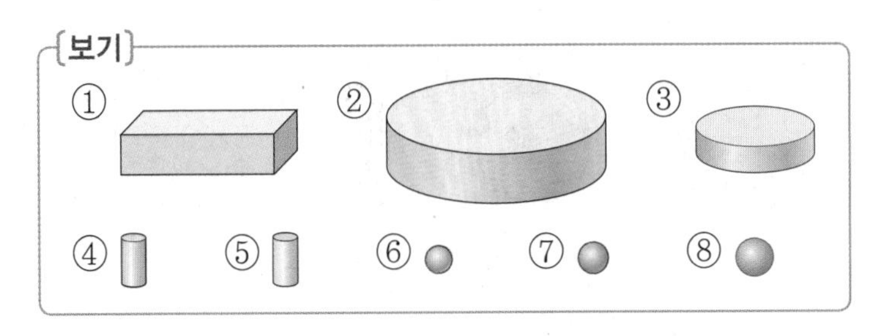

가

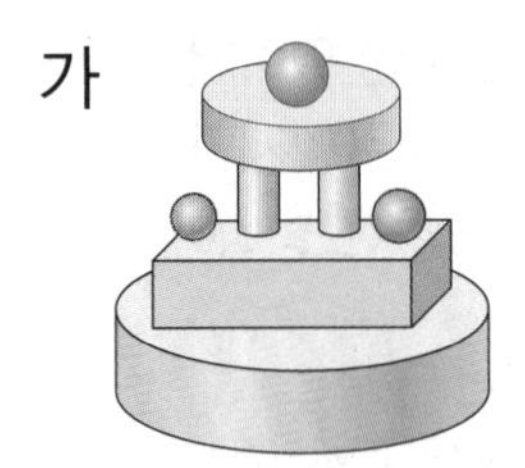

나

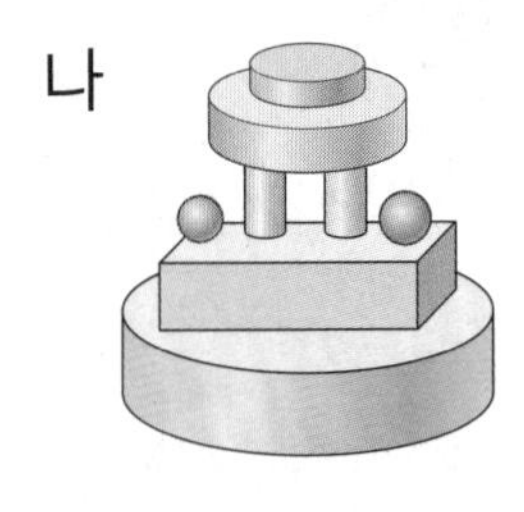

전략 [보기]의 모양과 가, 나에 사용된 모양을 비교하여 같은 모양을 찾아보자.

❶ 가와 나에서 [보기]의 모양을 번호 순서대로 찾아 ×표 하기

같은 모양이 없으면
×표를 하지 마세요.

전략 가와 나 중에서 모양에 ×표를 모두 한 것을 찾아보자.

❷ [보기]의 모양을 모두 사용하여 만들 수 있는 모양 : □

답

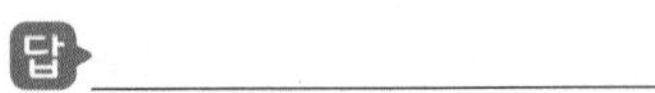

⑥ 가장 많이(적게) 이용한 모양 구하기

선행 문제 해결 전략

예 이용한 모양별로 수를 세어 보기

, , 모양별로 서로 다른 표시를 해 가며 겹치거나 빠뜨리지 않게 세어 보자.

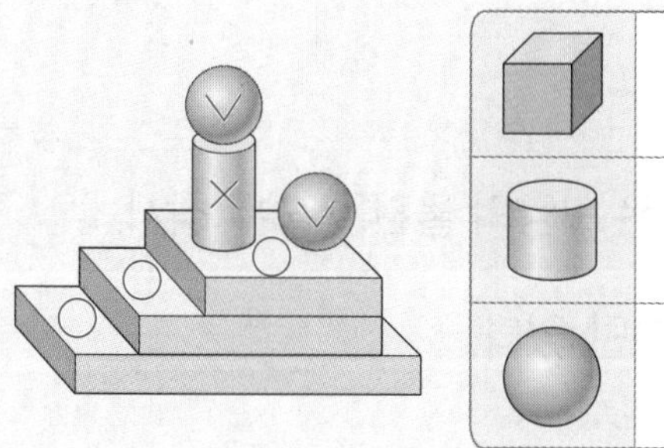

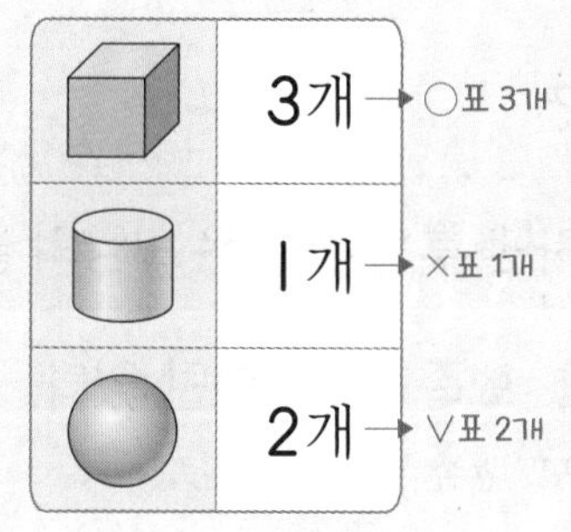

선행 문제 6

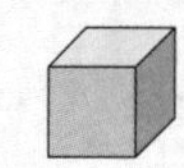 모양을 몇 개 이용했는지 구해 보세요.

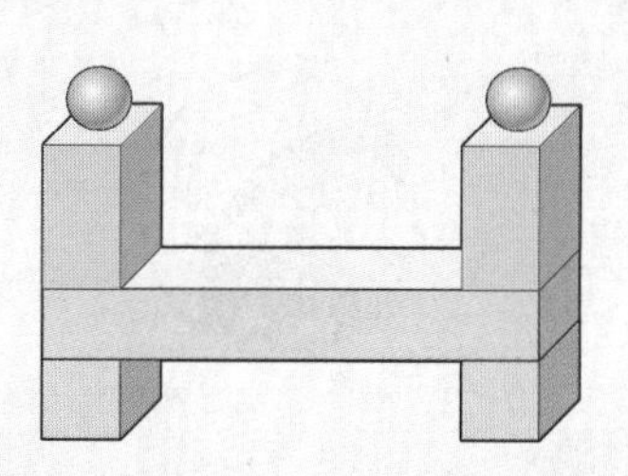

풀이 모양에 ∨표 하면서 세어 보면 모두 ☐개이다.

실행 문제 6

오른쪽 모양을 만드는 데/ 가장 많이 이용한 모양의 기호를 써 보세요.

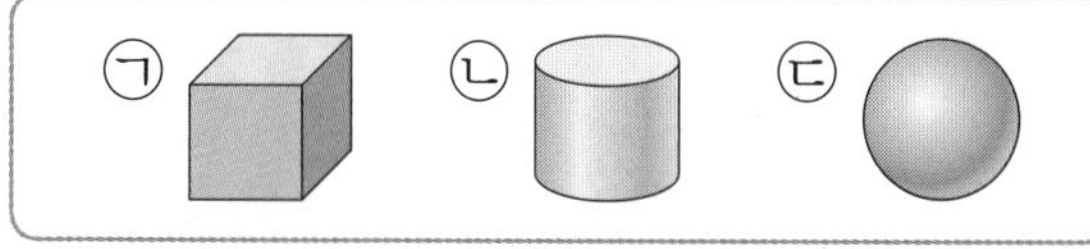

전략 각 모양별로 서로 다른 표시를 해 가며 겹치거나 빠뜨리지 않게 세어 보자.

❶

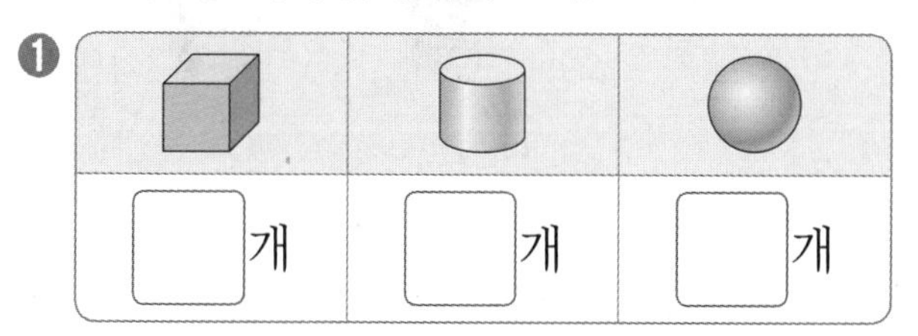

전략 각 모양별 수의 크기를 비교하여 기호를 쓰자.

❷ 가장 많이 이용한 모양 : ☐

답 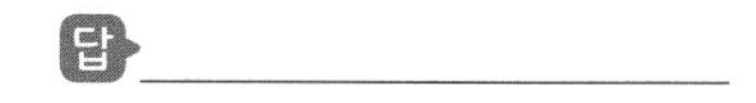

쌍둥이 문제 6-1

오른쪽 모양을 만드는 데/ 가장 많이 이용한 모양의 기호를 써 보세요.

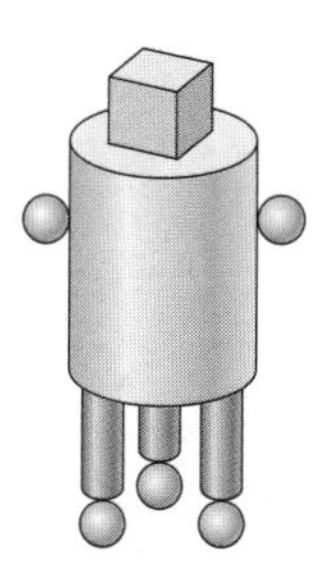

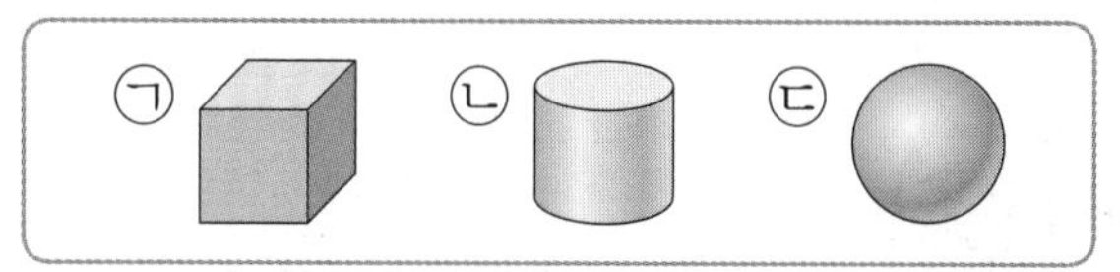

실행 문제 따라 풀기

❶

❷

답 

수학 사고력 키우기

일부분을 보고 같은 모양인 물건 찾기

연계학습 032쪽

대표 문제 1 다음의 보이는 모양과 같은 모양의 물건을 모두 찾아 기호를 써 보세요.

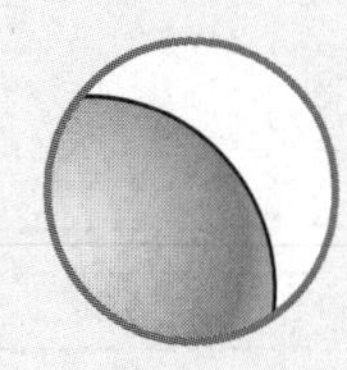

가  나  다 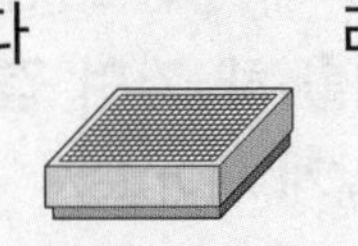 라 

구하려는 것은? 위의 보이는 모양과 같은 모양의 물건

어떻게 풀까? 1 보이는 모양이 어떤 모양인지 알아낸 후, 2 같은 모양의 물건을 모두 찾자.

해결해 볼까?

❶ 보이는 모양은 (평평한 , 둥근 , 뾰족한) 부분만 있다.

전략 보이는 부분이 평평한지, 둥근지, 뾰족한지 알아보자.

❷ 보이는 모양에 ○표 하기

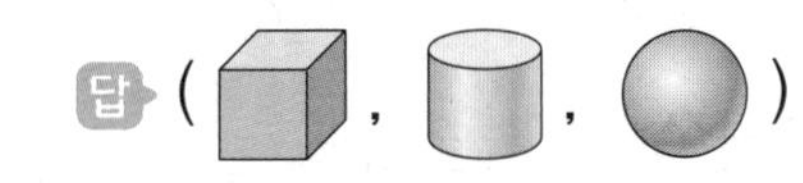

답 (, ,)

❸ 보이는 모양과 같은 모양의 물건을 모두 찾아 기호를 쓰면?

전략 ❷에서 답한 모양과 같은 모양의 물건을 찾아보자.

답 ____________

쌍둥이 문제 1-1 다음의 보이는 모양과 같은 모양의 물건을 모두 찾아 기호를 써 보세요.

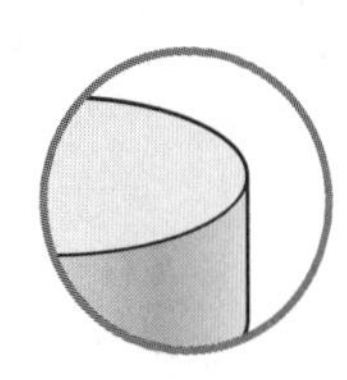

가  나  다  라 

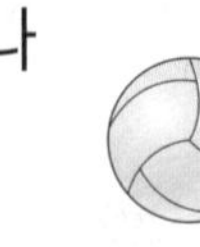

대표 문제 따라 풀기

❶

❷

❸

답 ____________

이용하지 않은 모양 알아보기

연계학습 033쪽

대표 문제 2 다음의 모양을 만드는 데 이용하지 않은 모양을/ 바르게 말한 어린이는 누구인가요?

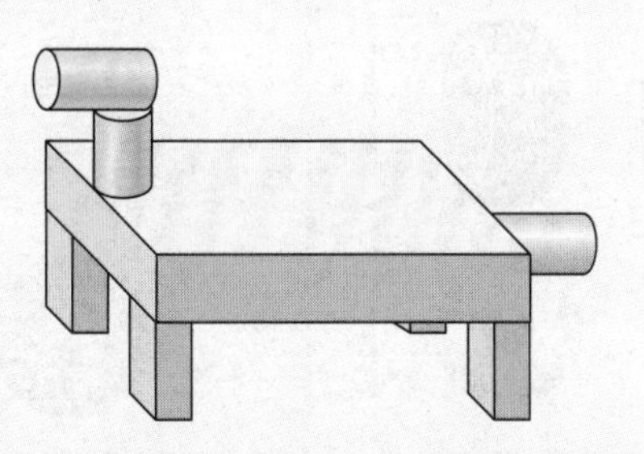

구하려는 것은? 이용하지 않은 모양을 바르게 말한 어린이

해결해 볼까?

❶ 위의 모양을 만드는 데 이용한 모양에 모두 ○표 하기

전략 모양의 특징을 알고 이용한 모양을 찾자.

답 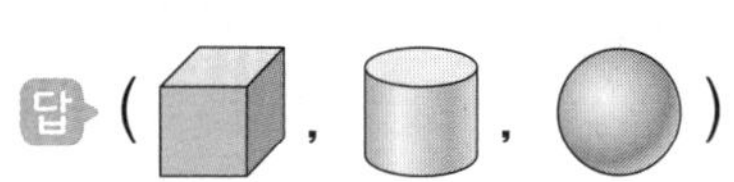

❷ 이용하지 않은 모양을 바르게 말한 어린이는?

전략 이용한 모양을 제외한 나머지 모양을 알아보자.

쌍둥이 문제 2-1

다음의 모양을 만드는 데/  모양을 이용하지 않은 어린이는 누구인가요?

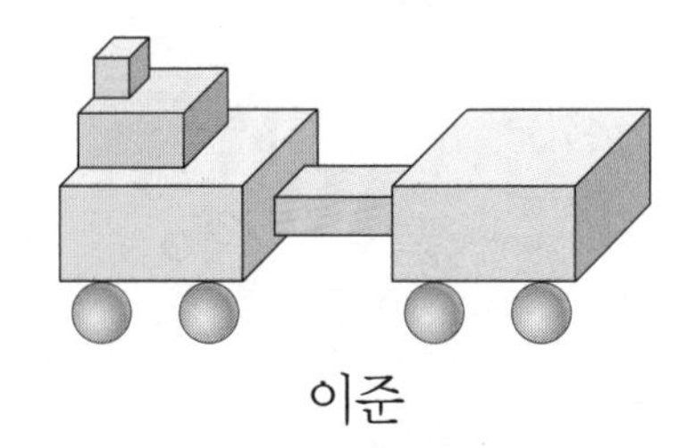
이준

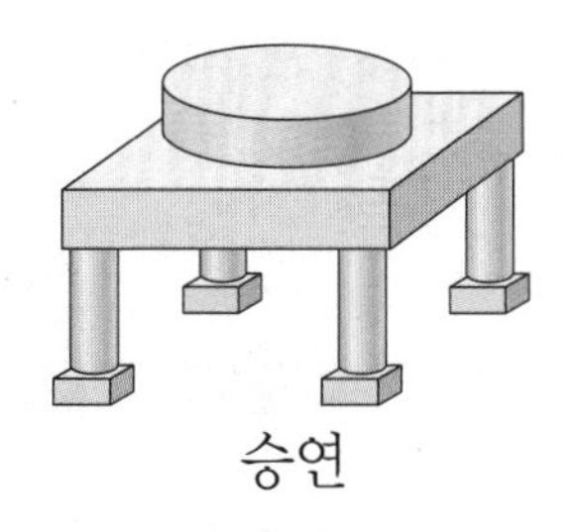
승연

대표 문제 따라 풀기

❶

❷

답 ____________

STEP 2 { 수학 사고력 키우기 }

같은 모양끼리 모으기

연계학습 034쪽

대표 문제 3 물건을 같은 모양끼리 모을 때/ 잘못 모은 것을 찾아 기호를 써 보세요.

가

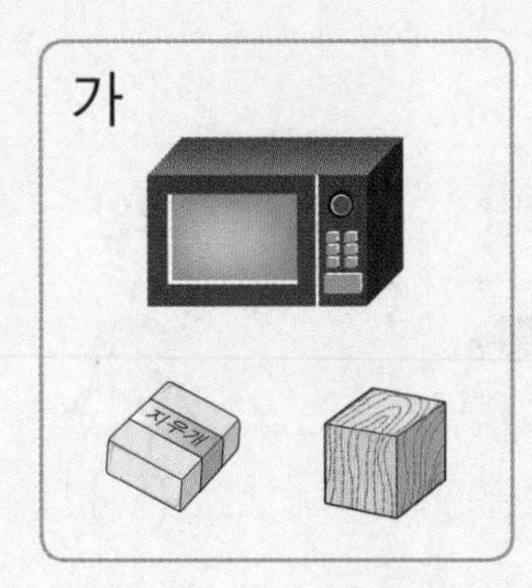

나

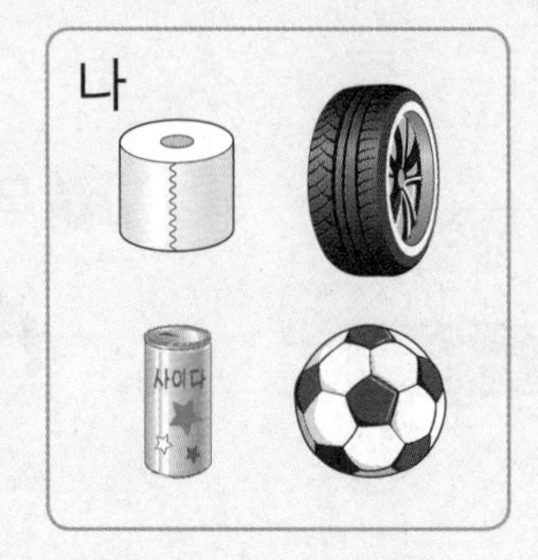

다

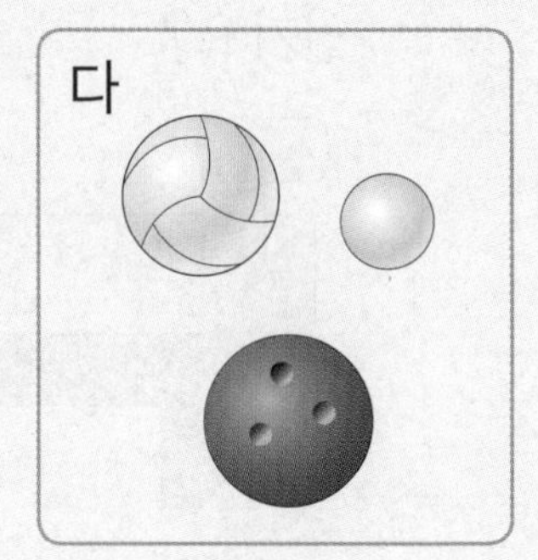

어떻게 풀까? 1 모은 물건의 모양을 각각 알아보고, 2 서로 다른 모양의 물건을 모은 것을 찾자.

해결해 볼까?

❶ 모은 물건의 모양에 모두 ○표 하기

전략 모은 물건의 특징을 알아보자.

가	나	다
(▢, ▢, ○)	(▢, ▢, ○)	(▢, ▢, ○)

❷ 물건을 잘못 모은 것을 찾아 기호를 쓰면?

답 ____________

쌍둥이 문제 3-1

물건을 같은 모양끼리 모을 때,/ 잘못 모은 사람의 이름을 써 보세요.

로운

강훈

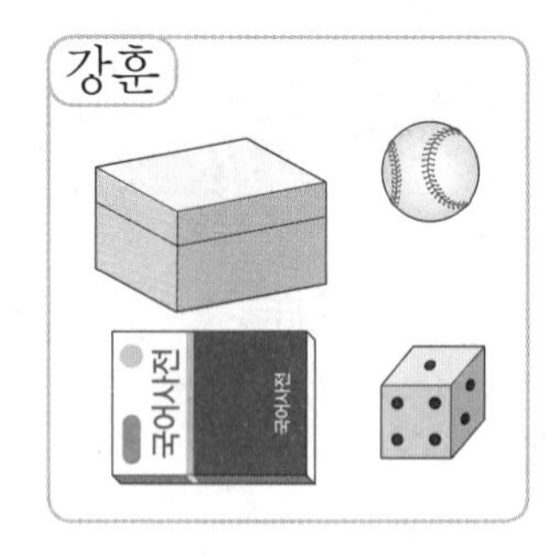

필구

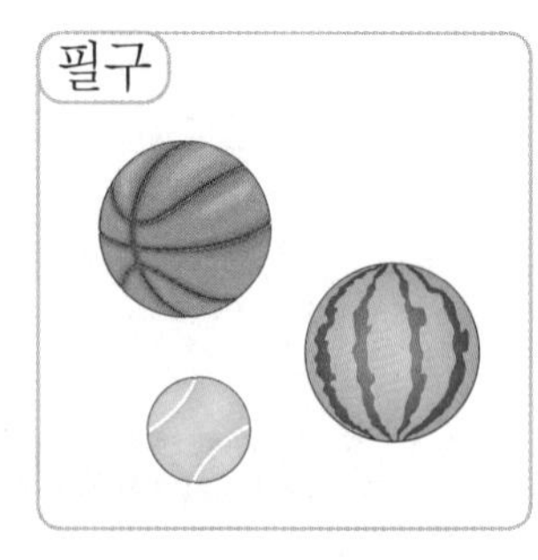

대표 문제 따라 풀기

❶

❷

답 ____________

설명에 알맞은 물건 찾기

연계학습 035쪽

대표 문제 4 쌓을 수 있고 눕히면 잘 굴러가는 물건은 모두 몇 개인가요?

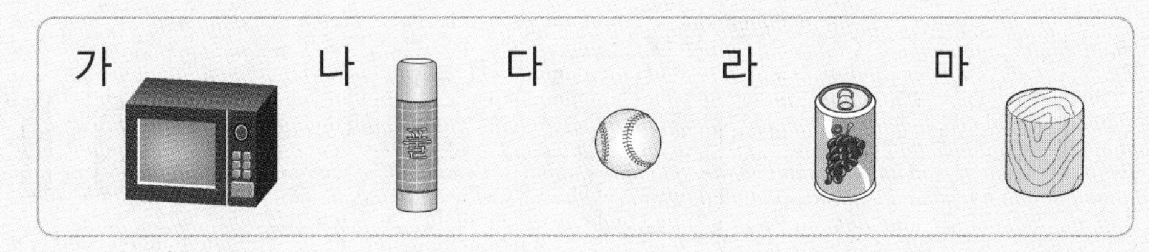

구하려는 것은?

쌓을 수 있고 눕히면 잘 [ ] 물건의 개수

해결해 볼까?

❶ 쌓을 수 있고 눕히면 잘 굴러가는 모양에 ○표 하기

전략 눕혔을 때 잘 굴러가는 모양이므로 세우면 굴러가지 않는다는 것을 알자.

답 (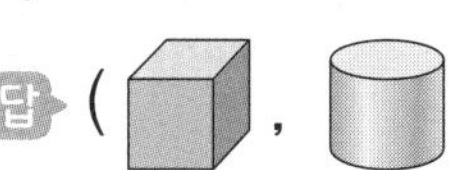 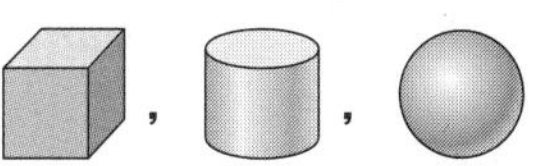)

❷ ❶에서 찾은 모양의 물건은 모두 몇 개?

전략 ❶에서 ○표 한 모양의 물건을 모두 찾아보자.

답 ______________

쌍둥이 문제 4-1

평평한 부분과 뾰족한 부분이 없고 잘 굴러가는 물건은 모두 몇 개인가요?

대표 문제 따라 풀기

❶

❷

답 

STEP 2 수학 사고력 키우기

주어진 모양으로 만들 수 있는 모양 찾기

연계학습 036쪽

대표 문제 5 〔보기〕의 모양을 모두 사용하여 만든 사람은 누구인가요?

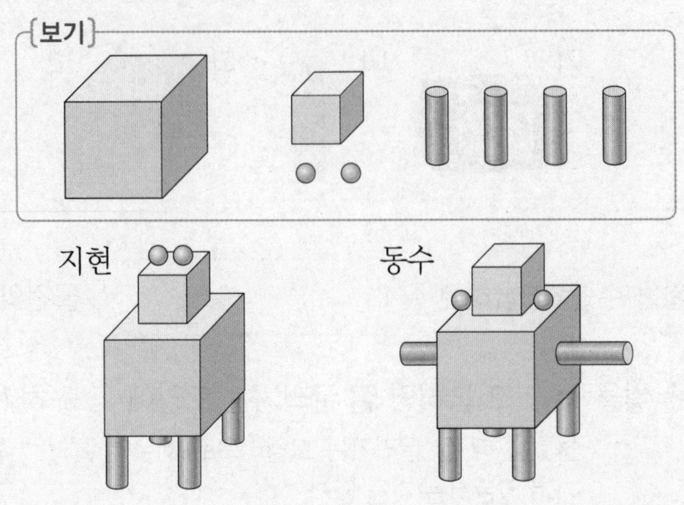

어떻게 풀까? 1 〔보기〕의 모양을 하나씩 찾아 ×표 하고, 2 ×표를 모두 한 모양을 찾자.

해결해 볼까?
❶ 지현이와 동수가 각각 만든 모양에서 〔보기〕의 모양을 찾아 ×표 하기

❷ 〔보기〕의 모양을 모두 사용하여 만든 사람은?

전략 ❶에서 모두 ×표가 된 모양을 찾자.

답 ______________

쌍둥이 문제 5-1

〔보기〕의 모양을 모두 사용하여 만든 사람은 누구인가요?

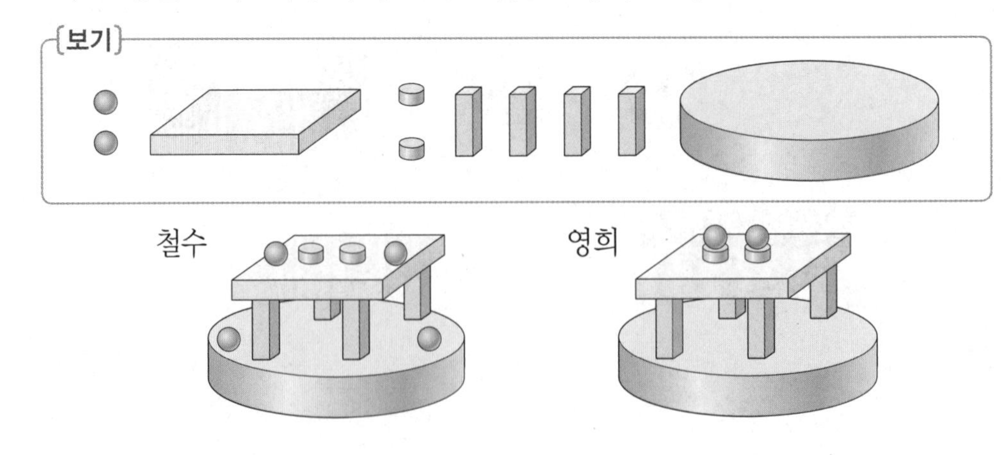

대표 문제 따라 풀기

❶

❷

답 ______________

가장 많이(적게) 이용한 모양 구하기

연계학습 037쪽

대표 문제 6

오른쪽 모양을 만드는 데/ 가장 적게 이용한 모양의 기호를 써 보세요.

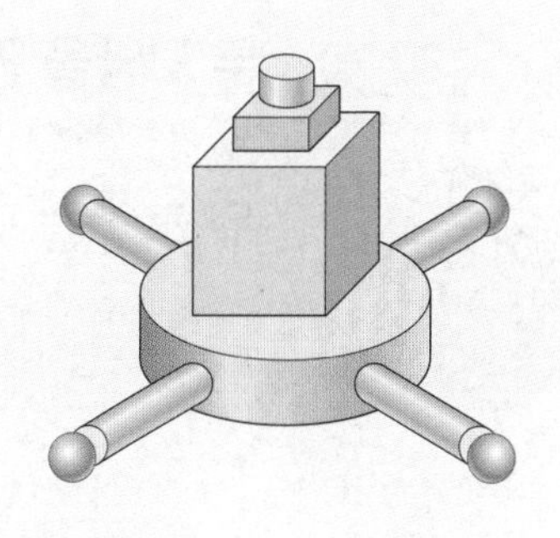

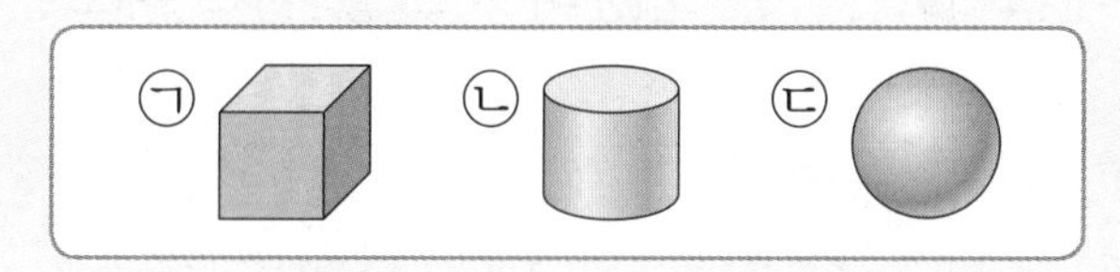

어떻게 풀까?

1 각 모양별로 개수를 세어 보고, 2 수의 크기를 비교해 보자.

해결해 볼까?

❶ 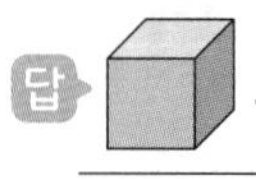 모양은 각각 몇 개?

답  모양 : ☐개, 모양 : ☐개, 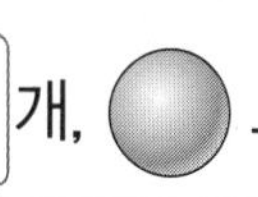 모양 : ☐개

❷ 가장 적게 이용한 모양의 기호를 쓰면?

전략 각 모양별 수의 크기를 비교해 보자.

답 ________

쌍둥이 문제 6-1

오른쪽 모양을 만드는 데/ 가장 많이 이용한 모양과/ 가장 적게 이용한 모양의 기호를 각각 써 보세요.

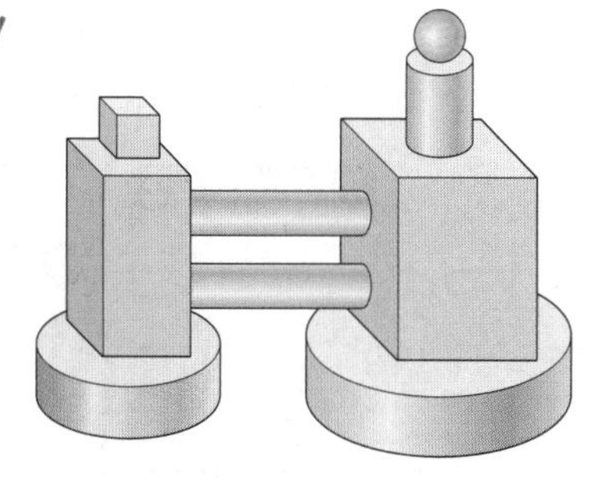

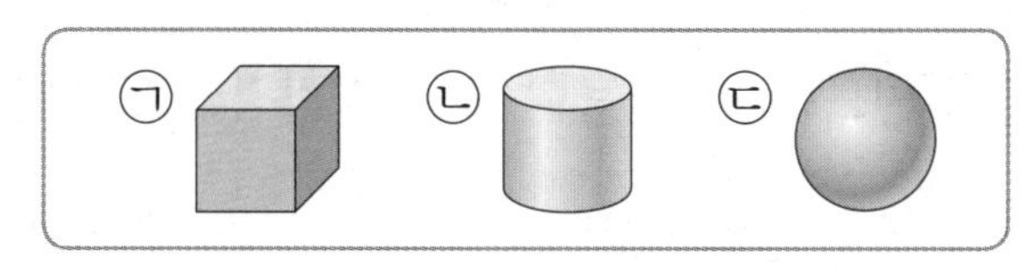

대표 문제 따라 풀기

❶

❷

❸

답 가장 많이 이용한 모양 : ________

가장 적게 이용한 모양 : ________

2 여러 가지 모양

수학 독해력 완성하기

두 모양을 만드는 데 모두 이용한 모양 찾기

두 모양을 만드는 데 모두 이용한 모양의 기호를 써 보세요.

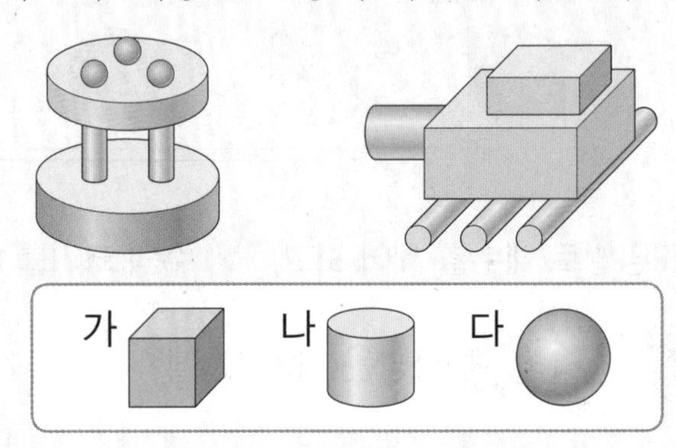

구하려는 것은? 두 모양을 만드는 데 모두 이용한 모양

주어진 것은? , , 모양을 이용하여 만든 두 모양

어떻게 풀까? 1 , , 모양 중에서 두 모양을 만드는 데 이용한 모양을 각각 알아보고,

2 두 모양을 만드는 데 모두 이용한 모양을 알아보자.

해결해 볼까?

❶ 두 모양을 만드는 데 이용한 모양에 각각 ○표 하기

왼쪽 모양	오른쪽 모양
(, ,)	(, ,)

❷ 두 모양을 만드는 데 모두 이용한 모양의 기호는?

보이는 모양을 보고 이용한 모양의 개수 구하기

독해 문제 2

오른쪽 모양을 만드는 데/ 왼쪽 보이는 모양과 같은 모양을 몇 개 이용했는지 구해 보세요.

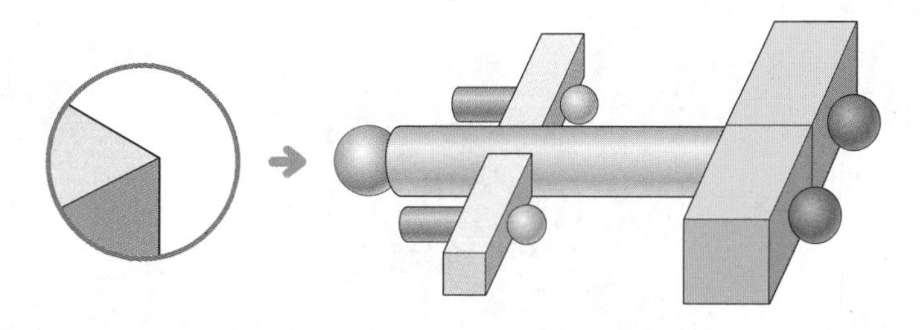

구하려는 것은? 왼쪽 보이는 모양과 같은 모양의 개수

주어진 것은? ▢, ▢, ○ 모양을 이용하여 만든 모양

어떻게 풀까? 1 왼쪽 보이는 모양은 어떤 모양인지 알아보고,
2 왼쪽 보이는 모양과 같은 모양의 개수를 구하자.

해결해 볼까?

❶ 위의 왼쪽 보이는 모양에 ○표 하기

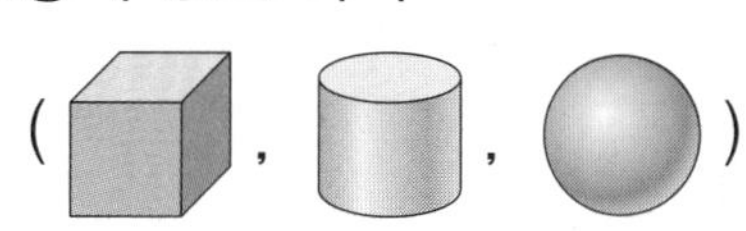

❷ 위의 오른쪽 모양을 만드는 데 ❶에서 ○표 한 모양을 모두 몇 개 이용했나?

답

수학 독해력 완성하기

이용한 모양의 개수의 차이 구하기

독해 문제 3

잠자리 모양은 강아지 모양보다/

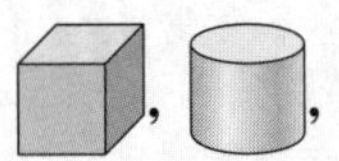 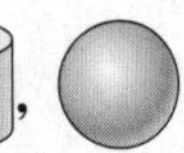 모양 중 어떤 모양을 몇 개 더 많이 이용했나요?

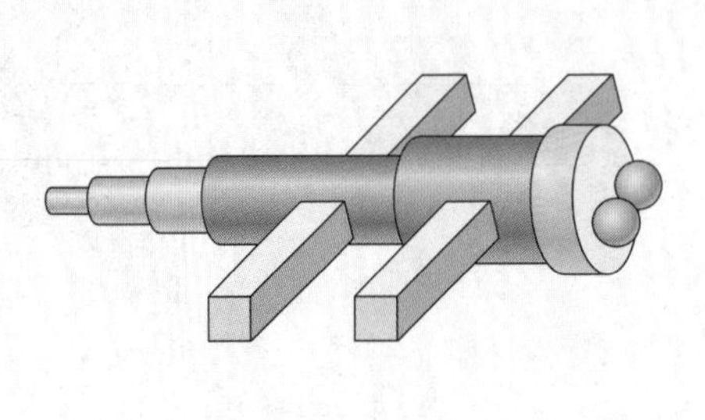

잠자리

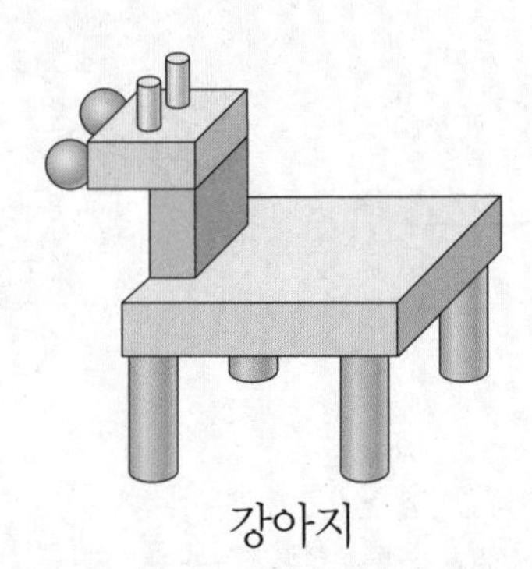

강아지

 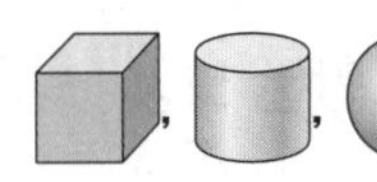 모양 중 잠자리 모양에 더 많이 이용한 모양과 개수의 차

주어진 것은? • 잠자리 모양 • 강아지 모양

어떻게 풀까? 1 잠자리 모양과 강아지 모양을 만드는 데 이용한 각 모양의 개수를 구하고,
2 개수가 다른 모양을 찾아 그 차를 구하자.

해결해 볼까?

❶ 잠자리 모양과 강아지 모양에 이용한 모양의 개수 구하기

모양			
잠자리			
강아지			

❷ 잠자리 모양은 강아지 모양보다 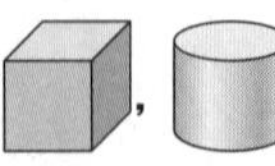 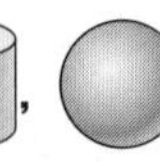 모양 중 어떤 모양을 몇 개 더 많이 이용했나?

답 ______________, ______________

처음에 가지고 있던 모양의 개수 구하기

오른쪽 모양을 만들었더니 (원기둥) 모양이 1개 남았습니다./
처음에 가지고 있던 (원기둥) 모양은 몇 개인가요?

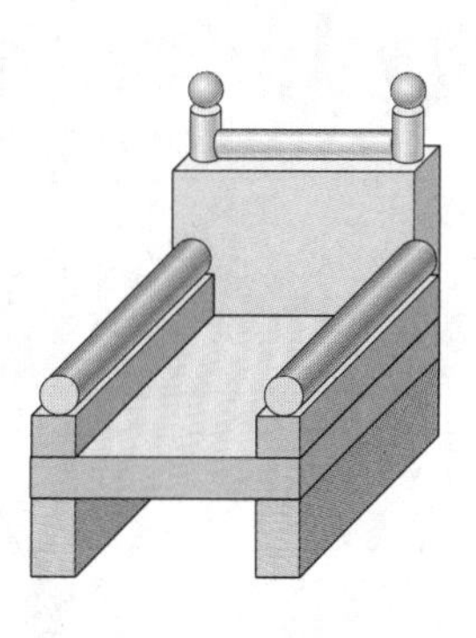

구하려는 것은? 처음에 가지고 있던 (원기둥) 모양의 개수

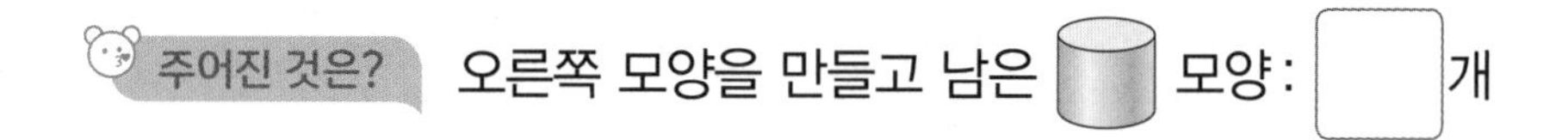
주어진 것은? 오른쪽 모양을 만들고 남은 (원기둥) 모양 : ☐개

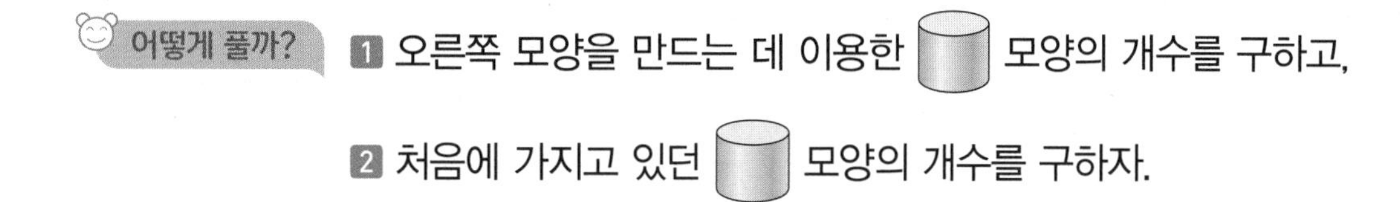
어떻게 풀까?
1 오른쪽 모양을 만드는 데 이용한 (원기둥) 모양의 개수를 구하고,
2 처음에 가지고 있던 (원기둥) 모양의 개수를 구하자.

해결해 볼까?

❶ 오른쪽 모양을 만드는 데 이용한 (원기둥) 모양은 몇 개?

답

❷ 처음에 가지고 있던 (원기둥) 모양은 몇 개?

답

창의·융합·코딩 체험하기

융합 1 다음은 우리 주변에서 볼 수 있는 여러 가지 물건들입니다./
연필을 이용하여 물건에 그려진 점선을 따라 그려 보았을 때/

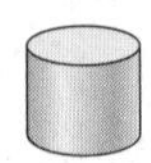 모양인 물건을 찾아 써 보세요.

축구공	통조림 캔	과자	유리컵

 답 ____________________

창의 2 물건을 담은 상자를 화물 트럭에 싣고 있습니다./
트럭에 실은 상자의 모양에 ○표 해 보세요.

(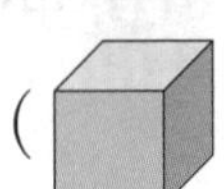 , 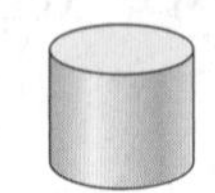 , 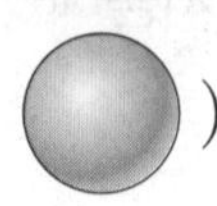)

다음 물건을 굴렸을 때/
여러 방향으로 잘 굴러가는 것을 찾아 모두 ○표 하세요.

태형이는 책상 위에 상자와 공이 올려져 있는 것을 보고/

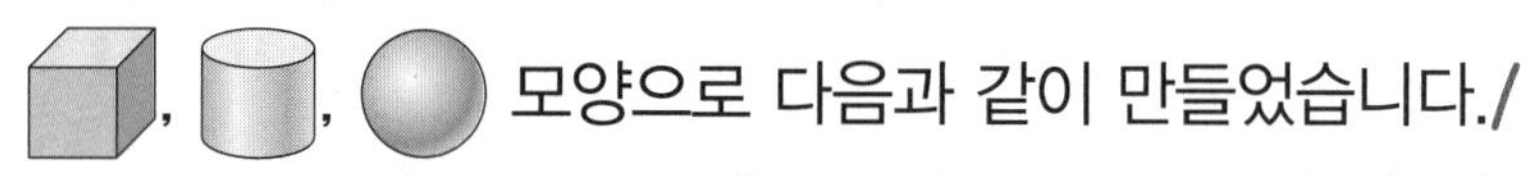
모양으로 다음과 같이 만들었습니다./

만드는 데 이용한 ▢, ▢, ◯ 모양은 각각 몇 개인가요?

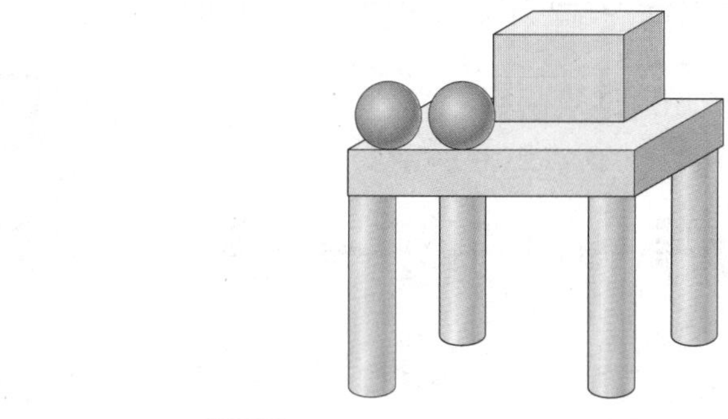

▢ 모양 : ☐개, ▢ 모양 : ☐개, ◯ 모양 : ☐개

창의·융합·코딩 체험하기

창의 5 전자레인지를 보고 만든 모양입니다./
이용된 모양을 찾아 ○표 하세요.

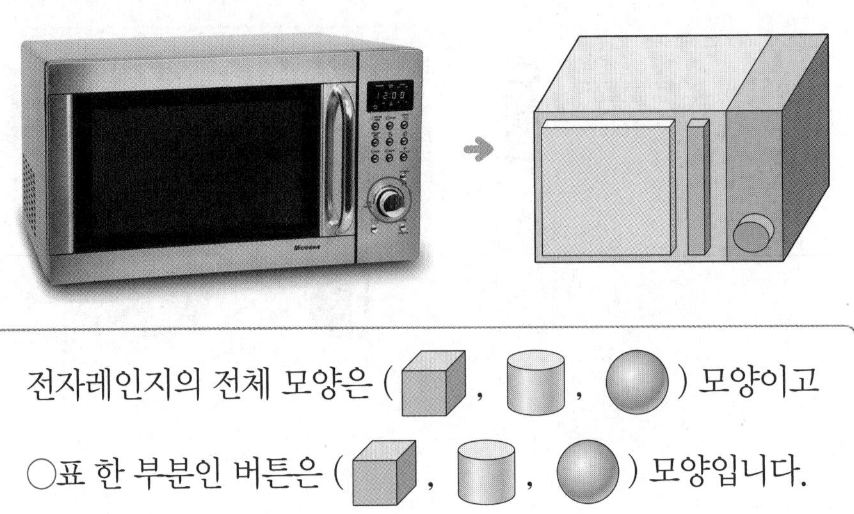

전자레인지의 전체 모양은 (, ,) 모양이고
○표 한 부분인 버튼은 (, ,) 모양입니다.

코딩 6 모양 버튼을 누르면 모양이 다음과 같이 바뀐다고 합니다./
주어진 순서대로 코딩을 실행했을 때/
마지막에 나오는 모양은 어떤 모양인지 ○표 하세요.

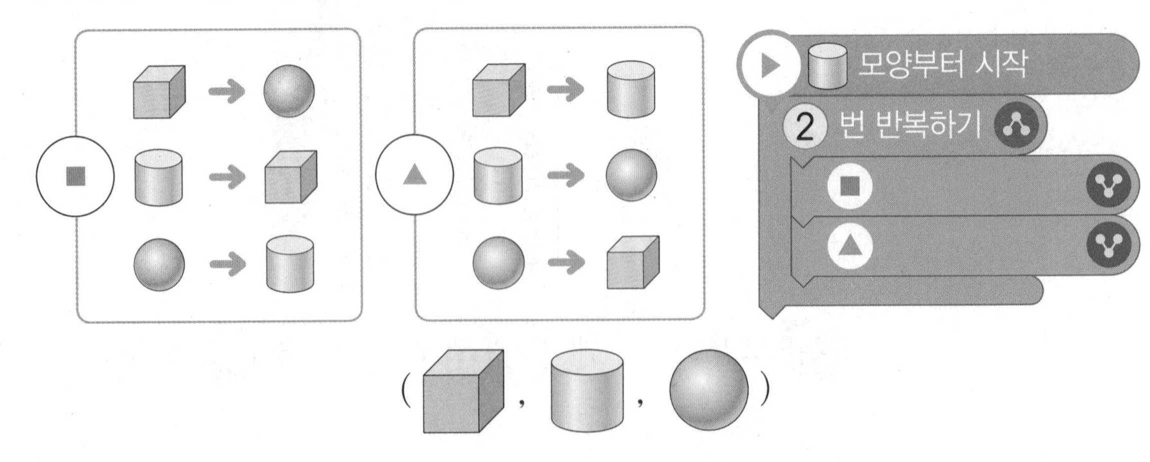

(, ,)

자동차의 바퀴를 보았더니 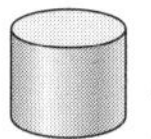 모양이었습니다./

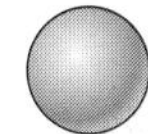 모양으로 만들면 훨씬 잘 굴러가지 않을까 생각했습니다./

자동차의 바퀴를 ( ) 모양으로 만들지 않고 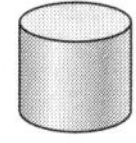 모양으로 만든 이유로/

알맞은 것의 기호를 써 보세요.

㉠ ( ) 모양은 둥근 부분만 있으므로 여러 방향으로 굴러갑니다.
㉡ 원하는 방향으로 정확하게 움직이려면 한 방향으로 잘 굴러야 합니다.

 ____________

버블 게임을 하려고 합니다./

게임을 실행하면 버블이가 움직이는 길에 있는 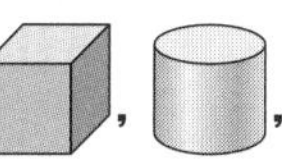 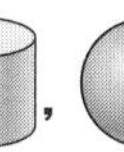 모양을 먹습니다./

다음 순서대로 실행하면 버블이가 먹은 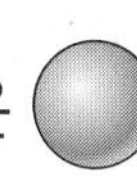 모양은 모두 몇 개인지 구해 보세요.

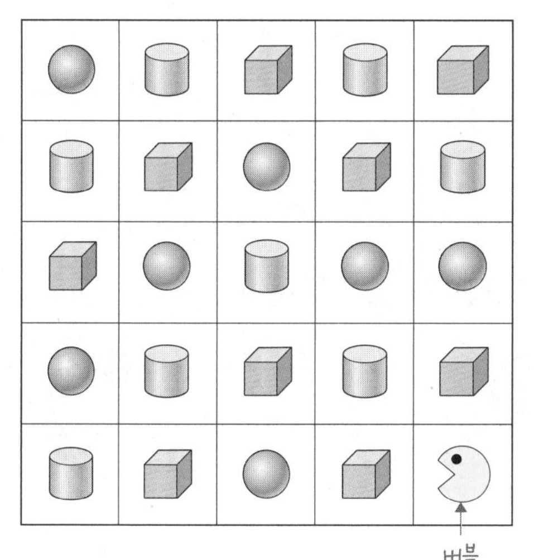

답 ____________

종합평가

실전 마무리 하기

맞힌 문제 수 개 /10개

같은 모양의 물건의 개수를 세어 비교하기

1 물건을 보고 ▢, ▢, ○ 모양 중에서 가장 많은 모양에 ○표 하세요.

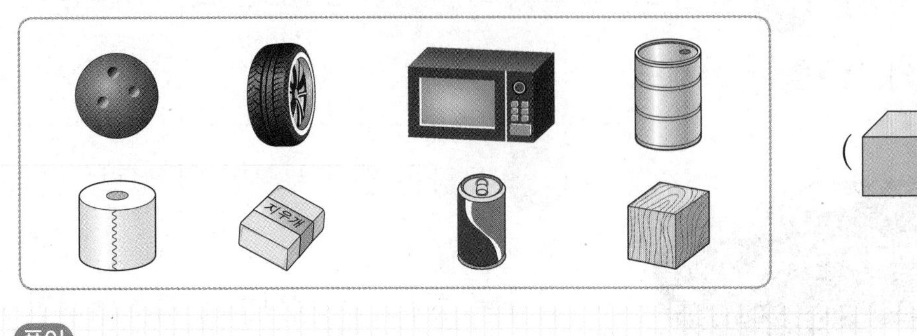

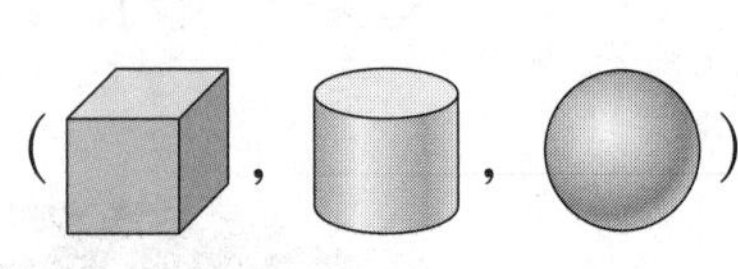

풀이

일부분을 보고 같은 모양인 물건 찾기 038쪽

2 다음의 보이는 모양과 같은 모양의 물건을 모두 찾아 기호를 써 보세요.

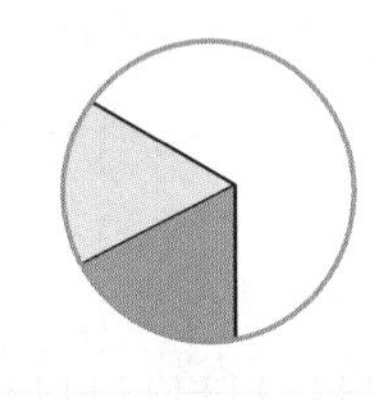

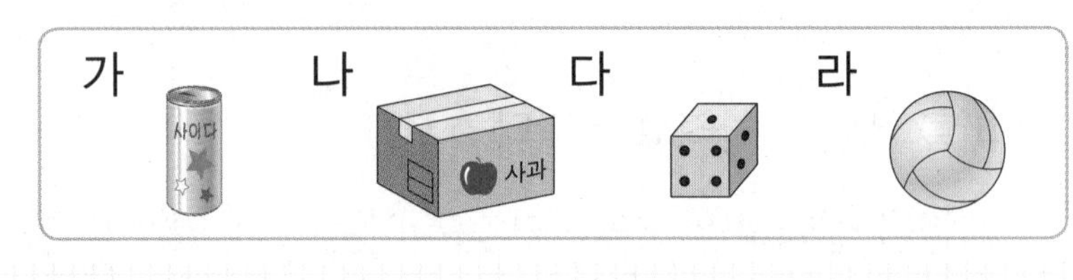

풀이

답

이용하지 않은 모양 알아보기 033쪽

3 오른쪽 모양을 만드는 데 이용하지 않은 모양에 ○표 하세요.

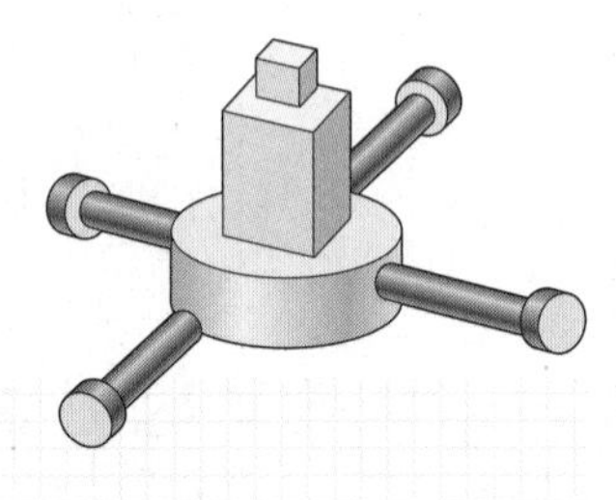

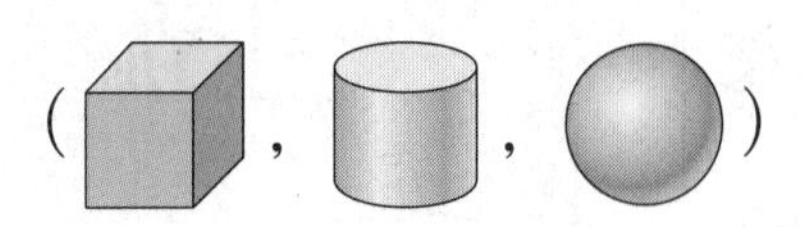

풀이

같은 모양끼리 모으기 040쪽

4 물건을 같은 모양끼리 모을 때, 잘못 모은 것을 찾아 기호를 써 보세요.

가

나
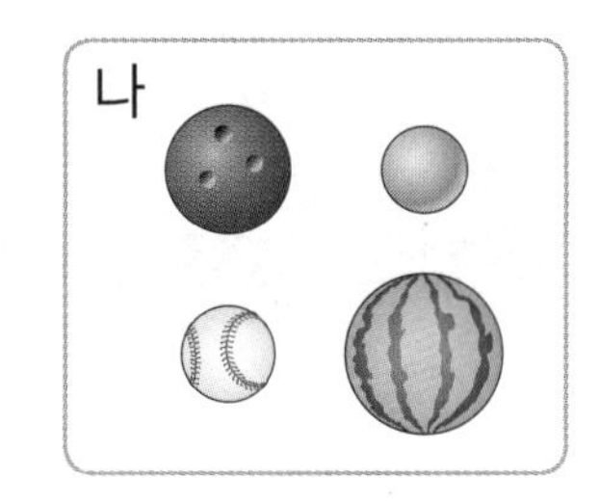

다
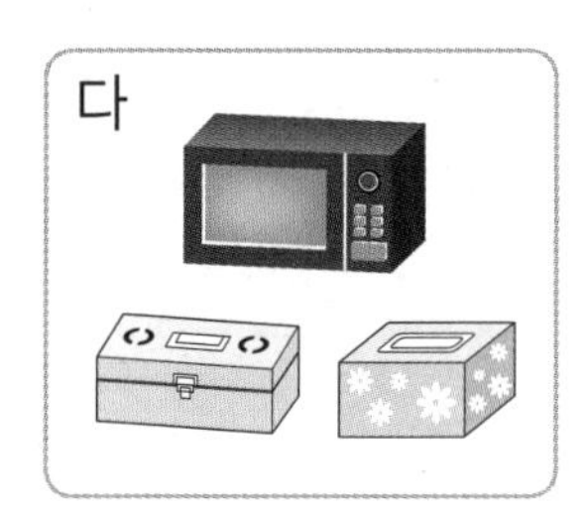

풀이

답

설명에 알맞은 물건 찾기 035쪽

5 쉽게 쌓을 수 있고 뾰족한 부분이 있는 물건을 모두 찾아 기호를 써 보세요.

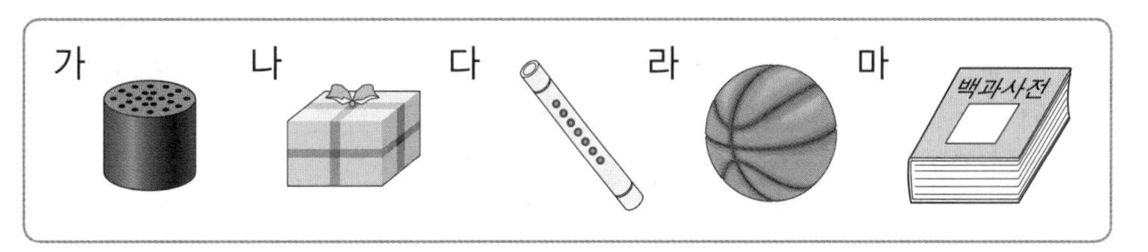

풀이

답

가장 많이(적게) 이용한 모양 구하기 037쪽

6 오른쪽 모양을 만드는 데 가장 많이 이용한 모양의 기호를 써 보세요.

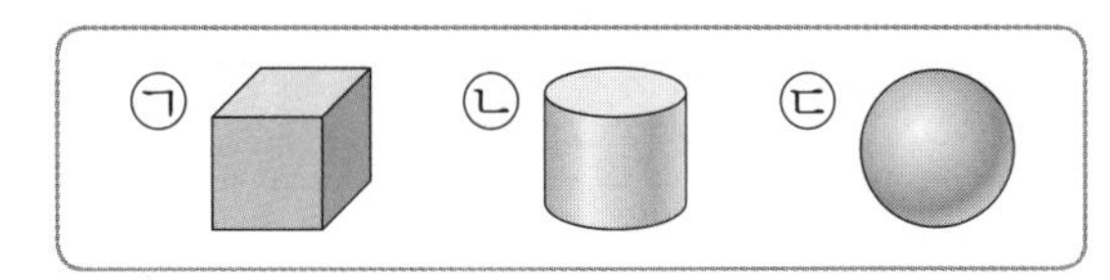

풀이

답 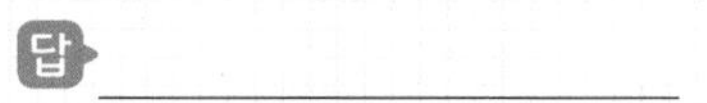

두 모양을 만드는 데 모두 이용한 모양 찾기 044쪽

7 두 모양을 만드는 데 모두 이용한 모양의 기호를 써 보세요.

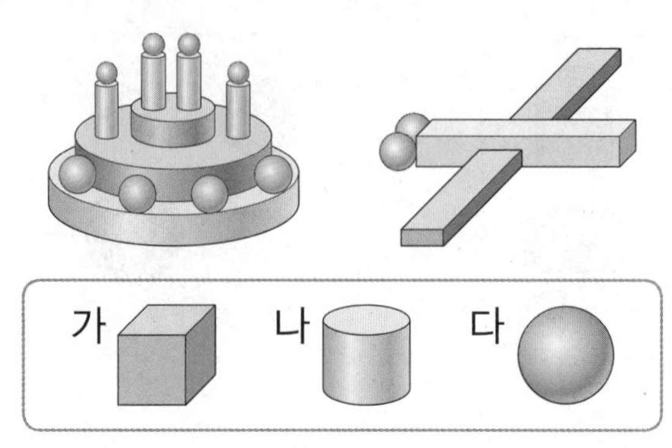

풀이

답

보이는 모양을 보고 이용한 모양의 개수 구하기 045쪽

8 오른쪽 모양을 만드는 데 왼쪽 보이는 모양과 같은 모양을 몇 개 이용했는지 구해 보세요.

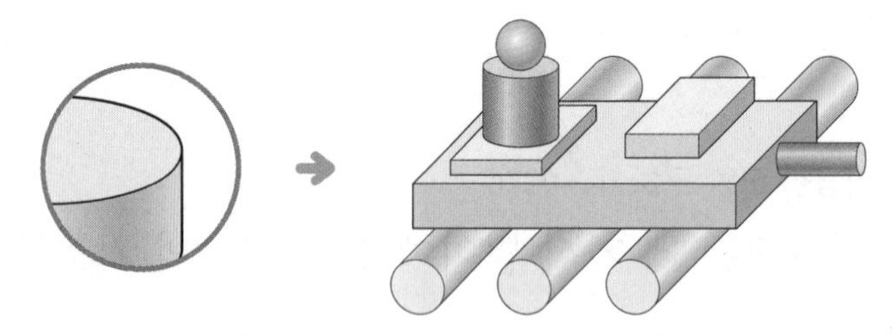

풀이

답

이용한 모양의 개수의 차이 구하기 046쪽

9 탱크 모양은 로봇 모양보다 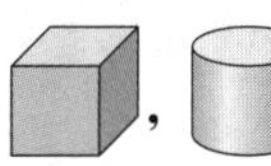, 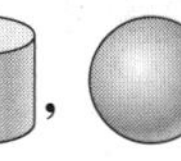 모양 중 어떤 모양을 몇 개 더 적게 이용했나요?

탱크

로봇

풀이

답 ______________, ______________

처음에 가지고 있던 모양의 개수 구하기 047쪽

10 오른쪽 모양을 만들었더니 ▢ 모양 1개가 남았습니다. 처음에 가지고 있던 ▢ 모양은 몇 개인가요?

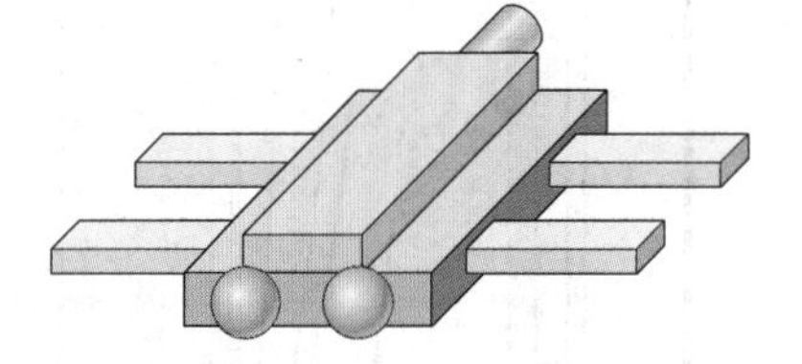

풀이

답 ______________

덧셈과 뺄셈

FUN 한 이야기

카펫 위에서 고양이가 3마리 놀고 있고,/

캣 타워 위에는 고양이가 2마리 있어요./

거실에 있는 고양이는 모두 몇 마리인가요?/

☐마리

☐마리

식 ________________

답 ________ 마리

STEP 1

문제 해결력 기르기

1 모으기와 가르기의 활용

선행 문제 해결 전략

• 모으기의 활용

바구니에 귤이 **2**개, 접시에 귤이 **1**개 있습니다. **귤을 모으면 몇 개**인가요?

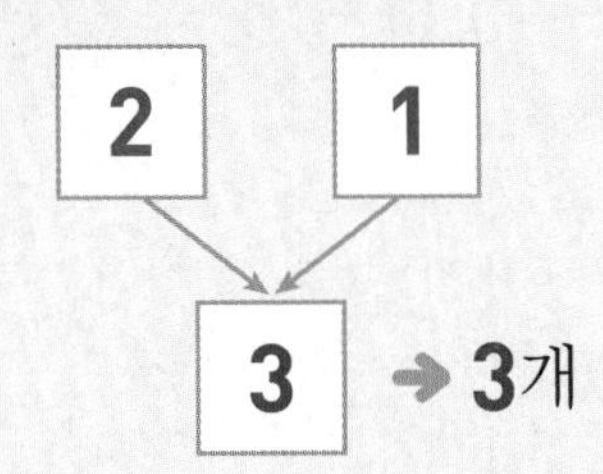

➔ **3**개

• 가르기의 활용

귤 **5**개를 접시 2개에 가르려고 합니다. **4개와 몇 개로 가르기** 할 수 있나요?

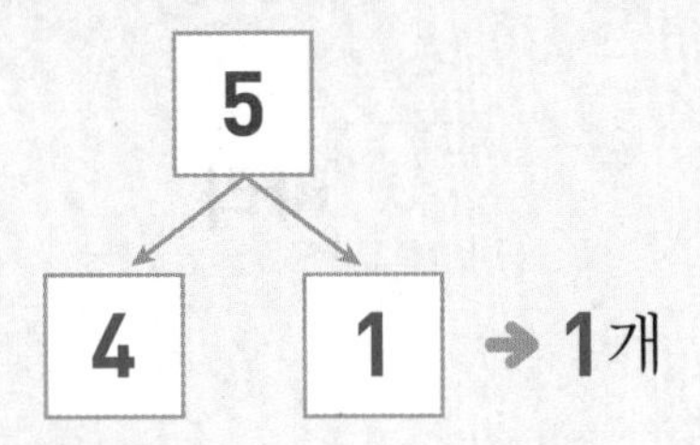

➔ **1**개

선행 문제 1

(1) 모으기를 해 보세요.

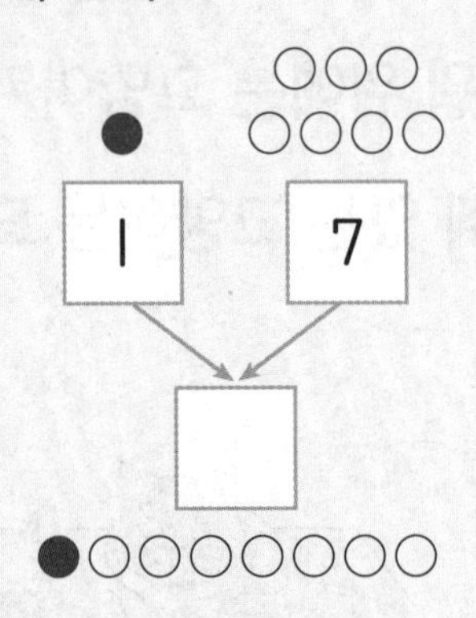

(2) 가르기를 해 보세요.

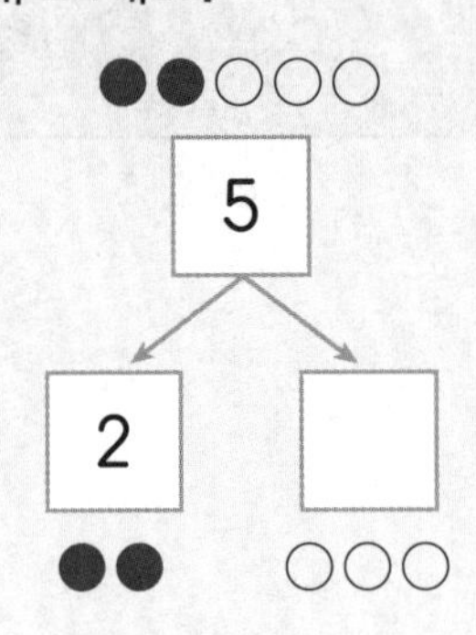

실행 문제 1

왼손에 구슬이 4개 있고,/ 오른손에 구슬이 3개 있습니다./ 구슬을 모으면 모두 몇 개인가요?

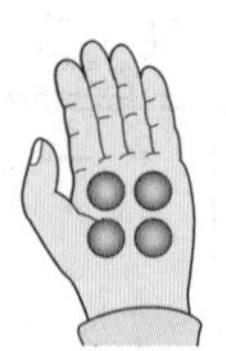
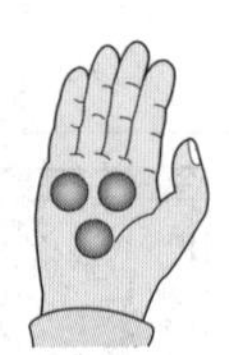

전략 4와 3을 모으기 해 보자.

❶
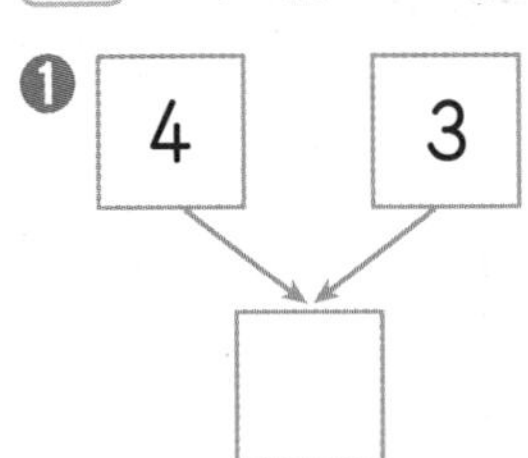

전략 모은 수를 써 보자.

❷ 모은 구슬 수 : ☐개

답 ____________

② □ 안에 +, − 써넣기

선행 문제 해결 전략

• + 알아보기

$2+1=3$

2에서 3으로 수가 **커졌다.**

계산 결과가 **커졌으면** ➔ +

• − 알아보기

$3-1=2$

3에서 2로 수가 **작아졌다.**

계산 결과가 **작아졌으면** ➔ −

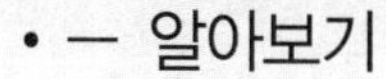

선행 문제 2

알맞은 말에 ○표 하세요.

(1) $5+1=6$

➔ 덧셈을 했더니 5에서 6으로 수가 (커졌다 , 작아졌다).

(2) $8-2=6$

➔ 뺄셈을 했더니 8에서 6으로 수가 (커졌다 , 작아졌다).

실행 문제 2

□ 안에 +, − 중 알맞은 것을 써넣으세요.

6 □ 3=9

전략 계산 결과가 커졌는지 작아졌는지 알아보자.

❶ 6에서 9로 수가 (커졌다 , 작아졌다).

전략 커졌으면 ➔ +, 작아졌으면 ➔ −

❷ 따라서 6 □ 3=9이다.

답 6 □ 3=9

쌍둥이 문제 2-1

□ 안에 +, − 중 알맞은 것을 써넣으세요.

7 □ 5=2

실행 문제 따라 풀기

❶

❷

답 7 □ 5=2

STEP 1 문제 해결력 기르기

③ 덧셈 활용하기

선행 문제 해결 전략

선행 문제 3

그림을 보고 덧셈식을 만들어 보세요.

(1)

풀이 (흰 토끼)+(회색 토끼)

=4+☐=☐

(2)

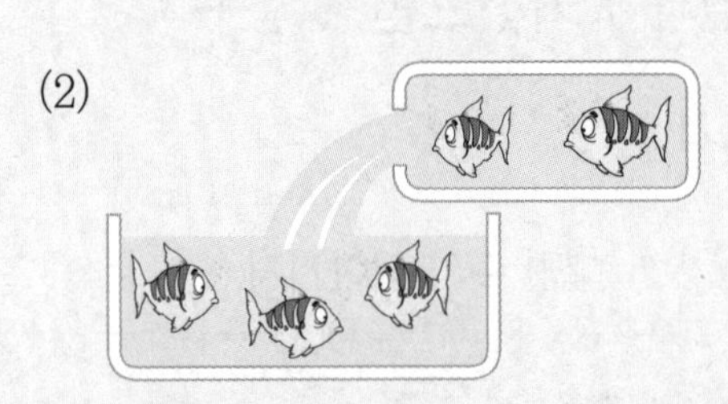

풀이 (있던 금붕어)+(더 넣은 금붕어)

=☐+2=☐

실행 문제 3

버스에 7명이 타고 있었는데/ 1명이 더 탔습니다./ 버스에 타고 있는 사람은 모두 몇 명인가요?

전략 문장을 보고 덧셈식을 만들지 뺄셈식을 만들지 정하자.

❶ 모두 몇 명인지 구해야 하므로 (덧셈식 , 뺄셈식)을 만든다.

전략 ❶에서 답한 식을 만들어 계산하자.

❷ 식 : 7☐1=☐(명)

답 ____________

쌍둥이 문제 3-1

초록 구슬이 3개, 파란 구슬이 2개 있습니다./ 구슬은 모두 몇 개인가요?

실행 문제 따라 풀기

❶

❷

답 ____________

3 덧셈과 뺄셈

4 뺄셈 활용하기

선행 문제 해결 전략

- 남은 것은 몇 개인가요?
- 몇 개 더 많은가요?

→ −

딸기가 5개 있습니다. 그중 2개를 먹었습니다. 남은 딸기는 몇 개인가요?

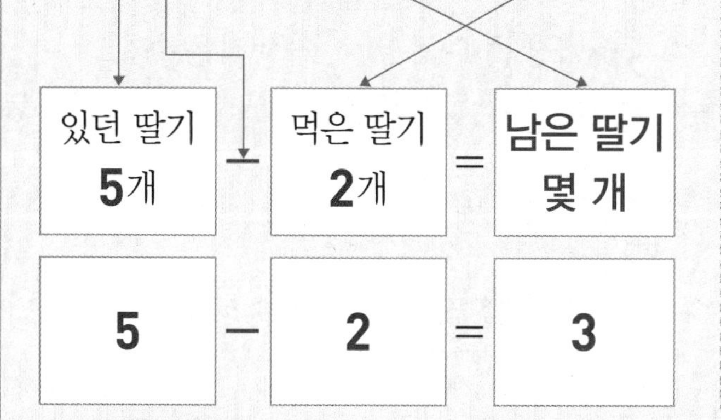

선행 문제 4

그림을 보고 뺄셈식을 만들어 보세요.

(1)

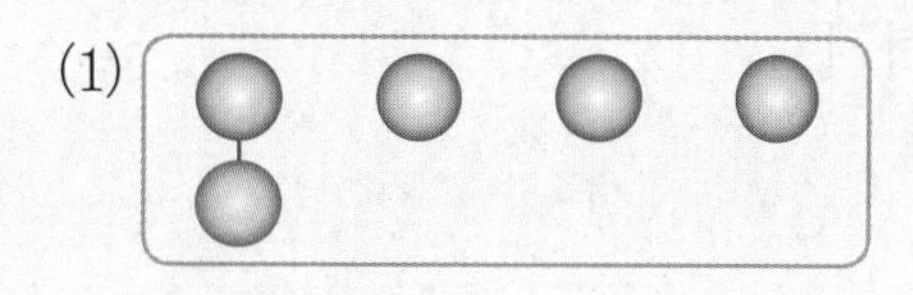

풀이 (빨간 공)−(파란 공)

=4−☐=☐

(2)

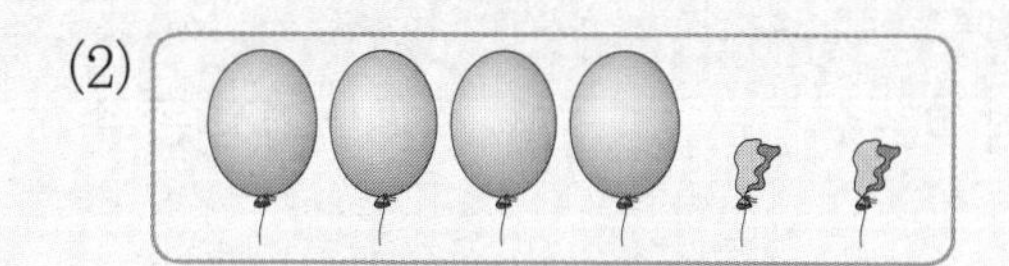

풀이 (처음에 있던 풍선)−(터진 풍선)

=6−☐=☐

실행 문제 4

도서관에 남학생이 7명, 여학생이 5명 있습니다./남학생은 여학생보다 몇 명 더 많은가요?

전략 문장을 보고 덧셈식을 만들지 뺄셈식을 만들지 정하자.

❶ 몇 명 더 많은지 구해야 하므로
(덧셈식 , 뺄셈식)을 만든다.

전략 ❶에서 답한 식을 만들어 계산하자.

❷ 식 : 7☐5=☐(명)

답 ________________

쌍둥이 문제 4-1

소정이는 연필을 6자루 가지고 있었는데/ 2자루를 동생에게 주었습니다./ 소정이에게 남은 연필은 몇 자루인가요?

실행 문제 따라 풀기

❶

❷

답 ________________

⑤ 가장 큰 수와 가장 작은 수의 합과 차

선행 문제 해결 전략

• 수 카드 중에서 가장 큰 수와 가장 작은 수의 합 구하기

3 7 2

① 수를 작은 것부터 순서대로 쓴 다음 가장 큰 수와 가장 작은 수를 찾는다.

2 3 7

가장 작은 수 └ 2, 7 ┘ 가장 큰 수

② 가장 큰 수와 가장 작은 수를 더한다.

가장 큰 수 + 가장 작은 수

➔ **7+2**=9

선행 문제 5

가장 큰 수와 가장 작은 수를 찾아 써 보세요.

(1) 1, 9, 4

풀이 수를 작은 것부터 순서대로 쓰면 ☐, ☐, ☐이다.

➔ 가장 큰 수 : ☐, 가장 작은 수 : ☐

(2) 6, 8, 3

풀이 수를 작은 것부터 순서대로 쓰면 ☐, ☐, ☐이다.

➔ 가장 큰 수 : ☐, 가장 작은 수 : ☐

실행 문제 5

3장의 수 카드 중/ 가장 큰 수와 가장 작은 수의/ 합을 구해 보세요.

3 2 5

전략 수를 작은 것부터 순서대로 써 보자.

❶ 수를 작은 것부터 순서대로 쓰면 ☐, ☐, ☐이다.

전략 가장 큰 수와 가장 작은 수를 찾자.

❷ 가장 큰 수 : ☐, 가장 작은 수 : ☐

전략 ❷에서 구한 두 수의 합을 구하자.

❸ ☐+☐=☐

답 ____________

물건을 둘로 나누기

선행 문제 해결 전략

• 딸기 5개를 두 접시에 나누어 담는 방법

5를 두 수로 가르기 해~

① 표를 이용하여 가르기 한다.

5	1	2	3	4
	4	3	2	1

② 표를 보고 나누어 담는 방법을 알아본다.

1 개와 4 개	2 개와 3 개
3 개와 2 개	4 개와 1 개

선행 문제 6

표를 완성해 보세요.

(1) 4를 두 수로 가르기

4	1	2	3
	3		

풀이 4를 가르기 하여 빈 곳에 써넣는다.

(2) 7을 두 수로 가르기

7	1	2	3	4	5	6
	6					

풀이 7을 가르기 하여 빈 곳에 써넣는다.

실행 문제 6

귤 6개를 정아와 동생이 똑같이 나누어 가지려고 합니다./
정아는 귤을 몇 개 가지면 되나요?

 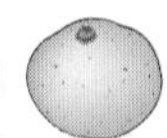 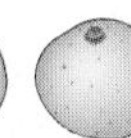 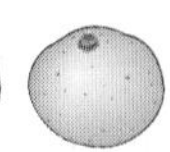 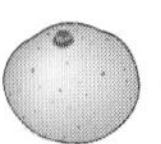 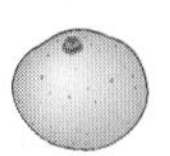

전략 6을 두 수로 가르기 하는 표를 만들자.

❶

정아	5	4	3	2	1
동생	1				

두 사람이 나누어 가지므로
6을 두 수로 가르기 해 봐~

전략 ❶의 표에서 똑같은 두 수로 가르기 한 것을 찾자.

❷ 표에서 똑같은 수로 가르기 한 두 수 : 3과 ☐

정아가 가지는 귤 수 : ☐개

답 

STEP 2

수학 사고력 키우기

모으기와 가르기의 활용

연계학습 058쪽

대표 문제 1

재희는 연필 8자루를 오빠와 나누어 가지려고 합니다./
재희가 3자루를 가지면/ 오빠는 몇 자루를 가지게 되나요?

구하려는 것은?

[ ]가 가지는 연필 수

주어진 것은?

- 나누어 가질 수 있는 연필 : [ ]자루
- 재희가 가지는 연필 : [ ]자루

해결해 볼까?

❶ 8을 3과 몇으로 가르기

전략 재희가 3자루를 가지므로
8을 3과 얼마로 가르기 하자.

8 → 3, [ ]

❷ 오빠가 가지는 연필은 몇 자루?

전략 ❶에서 가르기 했을 때 나머지 수를 쓰자.

답 ____________

쌍둥이 문제 1-1

서현이는 막대사탕을 1개, 진아는 5개 가지고 있습니다./
두 사람이 가진 막대사탕을 모으면 몇 개인가요?

대표 문제 따라 풀기

❶

❷

답 ____________

□안에 +, − 써넣기

연계학습 059쪽

대표 문제 2 □ 안에 +, − 중 알맞은 것을 써넣으세요.

9 □ 2=7

구하려는 것은?

□ 안에 알맞은 +, − 써넣기

어떻게 풀까?

1 계산 결과 7이 9보다 커졌는지 작아졌는지 알아본 다음

2 커졌으면 +, 작아졌으면 −를 써넣자.

해결해 볼까?

❶ 계산 결과 7이 9보다 커졌나요? 작아졌나요?

전략 계산 결과 7과 비교하자.

답 (커졌다 , 작아졌다)

❷ □ 안에 알맞은 +, − 써넣기

전략 9보다 계산 결과가 커졌으면 +, 작아졌으면 −

답 9 □ 2=7

쌍둥이 문제 2-1

□ 안에 +, − 중 알맞은 것을 써넣으세요.

5 □ 3=8

대표 문제 따라 풀기

❶

❷

답 5 □ 3=8

덧셈 활용하기

연계학습 060쪽

대표 문제 3 동물원에 코끼리가 4마리, 기린이 5마리 있습니다./
동물원에 있는 코끼리와 기린은 모두 몇 마리인가요?

구하려는 것은? 코끼리와 기린은 모두 몇 마리

주어진 것은?
- 코끼리 : ☐ 마리, 기린 : ☐ 마리

해결해 볼까?
❶ 모두 몇 마리인지 구해야 하므로 (덧셈식 , 뺄셈식)을 만든다.

❷ 동물원에 있는 코끼리와 기린은 모두 몇 마리?
전략 ❶의 식을 만들어 답을 구하자.

답 ____________

쌍둥이 문제 3-1

나뭇가지에 참새가 3마리 앉아 있습니다./
6마리가 더 날아와 앉았다면/
나뭇가지에 앉아 있는 참새는 모두 몇 마리인가요?

대표 문제 따라 풀기

❶

❷

답 ____________

뺄셈 활용하기

연계학습 061쪽

대표 문제 4 교실에 학생이 6명 있습니다./ 그중 4명 나갔다면/ 교실에 남아 있는 학생은 몇 명인가요?

구하려는 것은? 교실에 남아 있는 학생 수

주어진 것은?
- 교실에 있던 학생 : ☐명, 나간 학생 : ☐명

해결해 볼까?

❶ 남아 있는 학생은 몇 명인지 구해야 하므로 (덧셈식 , 뺄셈식)을 만든다.

❷ 교실에 남아 있는 학생은 몇 명?

전략 ❶의 식을 만들어 답을 구하자.

답 ____________

쌍둥이 문제 4-1

체육실에 농구공이 8개, 축구공이 6개 있습니다./ 농구공은 축구공보다 몇 개 더 많나요?

대표 문제 따라 풀기

❶

❷

답 ____________

가장 큰 수와 가장 작은 수의 합과 차

연계학습 062쪽

대표 문제 5 3장의 수 카드 중/ 가장 큰 수와 가장 작은 수의/ 차를 구해 보세요.

5 1 9

구하려는 것은?

가장 큰 수와 가장 작은 수의 ☐

어떻게 풀까?

1 세 수의 크기를 비교한 다음

2 가장 큰 수와 가장 작은 수의 차를 구하자.

해결해 볼까?

❶ 카드의 수를 작은 것부터 순서대로 쓰면?

답 ____________

❷ 가장 큰 수와 가장 작은 수를 구하면?

답 가장 큰 수 : ____________, 가장 작은 수 : ____________

❸ 가장 큰 수와 가장 작은 수의 차는?

전략 (가장 큰 수)−(가장 작은 수)

답 ____________

쌍둥이 문제 5-1

4장의 수 카드 중/ 가장 큰 수와 가장 작은 수의/ 합을 구해 보세요.

3 6 2 7

대표 문제 따라 풀기

❶

❷

❸

답 ____________

물건을 둘로 나누기

연계학습 063쪽

대표 문제 6 사탕 4개를 연아와 동생이 나누어 가지려고 합니다./
연아가 동생보다 사탕을 더 많이 가지려면/ 연아는 몇 개 가지면 되나요?/
(단, 동생이 사탕을 가지지 않는 경우는 생각하지 않습니다.)

구하려는 것은?
☐가 가지는 사탕 수

어떻게 풀까?
1 4를 두 수로 가르기 하는 경우를 모두 찾은 다음
2 연아가 더 많이 가지는 경우를 찾자.

해결해 볼까?
❶ 4를 두 수로 가르기 하는 표 만들기
전략 4를 두 수로 가르기 하는 표를 만들자.

연아			
동생			

❷ 연아가 동생보다 더 많이 가지려면 연아가 가지는 사탕은 몇 개?
전략 ❶의 표에서 연아의 사탕 수가 더 많은 경우를 찾자.

답 ____________

쌍둥이 문제 6-1 쿠키 8개를 지호와 영은이가 똑같이 나누어 가지려고 합니다./
지호는 쿠키를 몇 개 가지면 되나요?

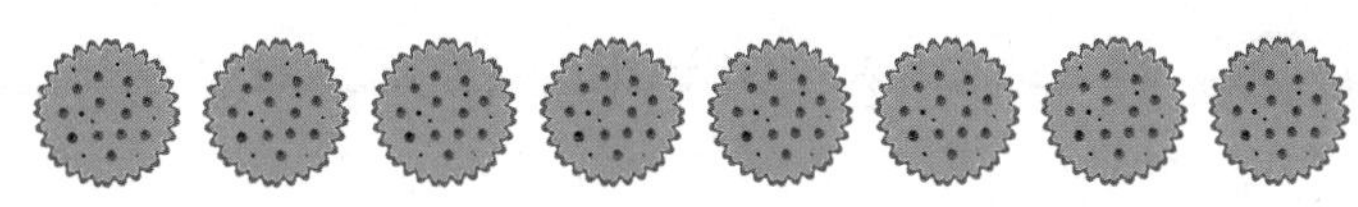

대표 문제 따라 풀기

❶

❷

답 ____________

STEP 3 수학 독해력 완성하기

어떤 수 구하기

독해 문제 1

붙임딱지를 붙인 곳에 알맞은 수를 구해 보세요.

$1 + ★ = 8$

해결해 볼까?

❶ 붙임딱지를 □라 하여 덧셈식 만들기

식 ______________________

❷ ❶에서 만든 덧셈식의 □에 알맞은 수는?

답 ______________________

❸ 붙임딱지를 붙인 곳에 알맞은 수는?

답 ______________________

덧셈 활용하기

독해 문제 2

진영이는 색종이를 7장 가지고 있습니다./
수지는 진영이보다 2장 더 많이 가지고 있습니다./
수지가 가지고 있는 색종이는 몇 장인가요?

해결해 볼까?

❶ 수지가 진영이보다 더 많이 가지고 있는 색종이는 몇 장?

답 ______________________

❷ 수지가 가지고 있는 색종이 수를 구하는 식을 만들면?

식 ______________________

❸ 수지가 가지고 있는 색종이는 몇 장?

답 ______________________

뺄셈 활용하기

규진이는 구슬을 8개 가지고 있습니다./
동생에게 2개를 주고, 친구에게 3개를 주었습니다./
규진이에게 남은 구슬은 몇 개인가요?

해결해 볼까? ❶ 동생에게 주고 남은 구슬은 몇 개?

답 ____________

❷ ❶에서 구한 개수에서 친구에게 주고 남은 구슬은 몇 개?

답 ____________

❸ 규진이에게 남은 구슬은 몇 개?

답 ____________

두 수의 합을 비교하기

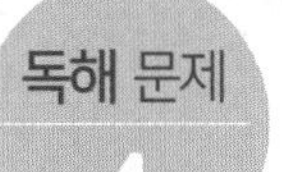

주사위를 두 번씩 던져/ 나온 눈의 수의 합이 더 큰 사람이 이긴다고 합니다./
윤아는 2와 5, 진우는 3과 3이 나왔습니다./
이긴 사람은 누구인가요?

해결해 볼까? ❶ 윤아가 주사위를 던져 나온 눈의 수의 합을 구하면?

답 ____________

❷ 진우가 주사위를 던져 나온 눈의 수의 합을 구하면?

답 ____________

❸ 이긴 사람은?

전략 눈의 수의 합이 더 큰 사람을 찾자.

수학 독해력 완성하기

수 카드로 합을 구하는 덧셈식 만들기

독해 문제 5

4장의 수 카드 중 2장을 골라/
합이 가장 큰 덧셈식을 만들어 보세요.

4 1 3 5

구하려는 것은? 합이 가장 큰 덧셈식

주어진 것은? • 수 카드 4장 : 4, 1, 3, 5

어떻게 풀까?
1 합이 가장 크려면 가장 큰 수와 두 번째로 큰 수를 더해야 하므로
2 가장 큰 수와 두 번째로 큰 수를 찾은 다음
3 합이 가장 큰 덧셈식을 만들자.

해결해 볼까?

❶ 카드의 수를 작은 것부터 순서대로 쓰면?

답 ______________

❷ 가장 큰 수와 두 번째로 큰 수를 구하면?

전략 더하는 두 수가 클수록 합이 커지므로 가장 큰 수와 두 번째로 큰 수를 찾자.

답 가장 큰 수 : ______________

두 번째로 큰 수 : ______________

❸ 합이 가장 큰 덧셈식을 만들면?

전략 ❷에서 구한 두 수의 덧셈식을 만들자.

답 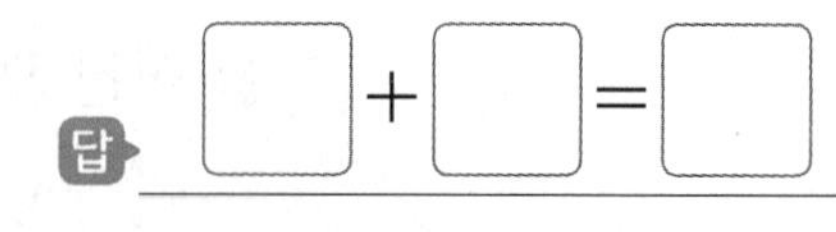

물건을 둘로 나누기

연계학습 069쪽

독해 문제 6

밤 7개를 유리와 진호가 나누어 먹었습니다./
유리가 진호보다 1개 더 많이 먹었다면/
유리는 밤을 몇 개 먹었나요?

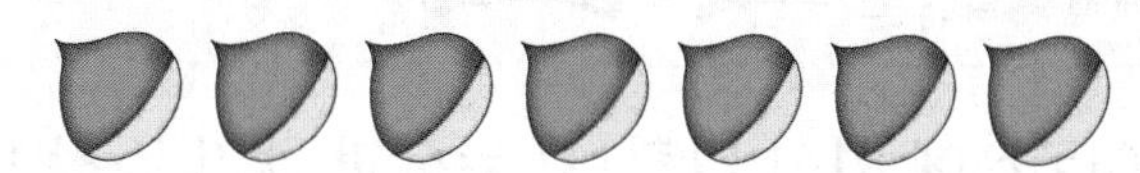

구하려는 것은? ☐가 먹은 밤의 수

주어진 것은?
- 전체 밤의 수 : ☐개
- 유리가 진호보다 더 많이 먹은 밤의 수 : ☐개

어떻게 풀까?
1 7을 두 수로 가르기 하는 경우를 표로 만든 다음
2 유리가 진호보다 1개 더 많이 먹었을 때를 찾아
3 유리가 먹은 밤의 수를 구하자.

해결해 볼까?

❶ 7을 두 수로 가르기 하는 표 만들기

답

유리						
진호						

❷ 유리가 진호보다 몇 개 더 많이 먹은 것을 찾아야 하나요?

답 ____________

❸ 유리가 먹은 밤은 몇 개?

답 ____________

4 STEP

창의·융합·코딩 체험하기

재영이는 모자를 좋아해서 옷장에 다음과 같이 모자를 모았습니다./

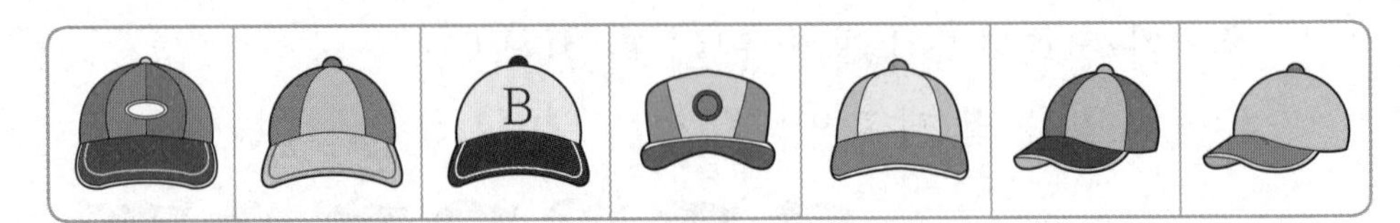

오늘은 놀이동산에 가기 위해서/ 동생과 내가 각각 모자를 한 개씩 썼더니/ 다음과 같이 모자가 남았습니다./
옷장에 남아 있는 모자의 수를 계산하는 식을 써 보세요.

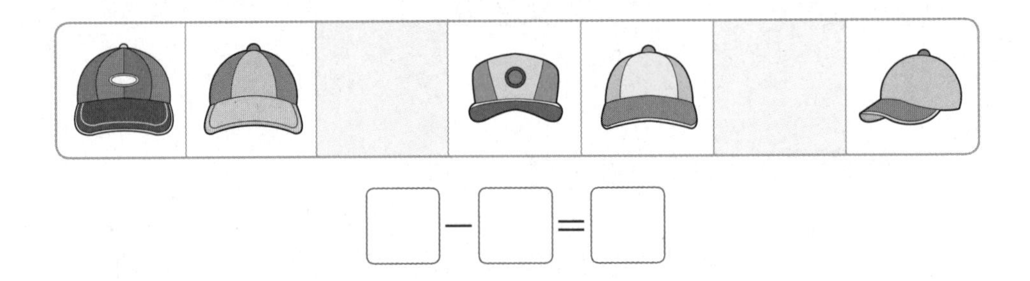

□ − □ = □

오늘은 친척들과 식당에서 식사를 했습니다./
우리 가족은 4명, 이모네 가족은 5명입니다./
1명당 1인분씩 고기를 먹었을 때, 먹은 고기 양은 모두 몇 인분인가요?

이모네 가족이 먹은 고기 양

답 ____________

컴퓨터에서 간단한 코딩으로/ 덧셈을 해주는 블록을 조립해서 만들었습니다./
프로그램을 실행했더니 8이 나왔습니다./
8이 나오기 위해서/ 조립한 블록 안에 있는 ? 자리에 숫자를 넣어/
식을 2가지만 써 보세요.

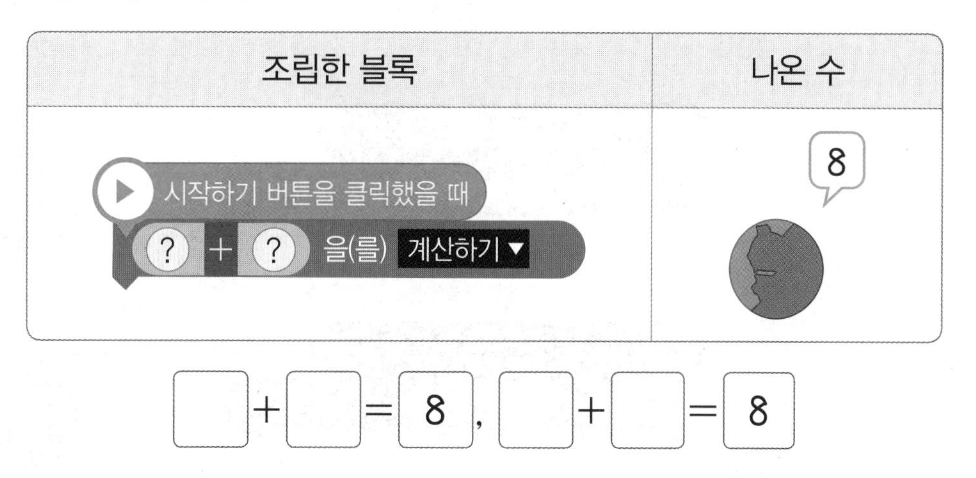

혜원이가 학교 갔다 돌아오니/ 어머니께서 동생과 먹으라고 감자전을 식탁에 두셨습니다./ 배가 고파서 세어 보지 않고 먹었더니 감자전이 3장 남았습니다./
어머니께서 만든 감자전의 장수가 다음과 같다면/ 혜원이가 먹은 감자전은 몇 장인가요?

어머니께서 만든 감자전	혜원이가 먹은 감자전	먹고 남은 감자전
9장	______ 장	3장
8장	______ 장	
7장	______ 장	

창의·융합·코딩 체험하기

코딩 5 컴퓨터에서 간단한 코딩으로/ 뺄셈을 해주는 블록을 조립해서 만들었습니다./
?에서 3을 뺐더니 2가 나왔습니다./
만약 ?와 4를 더하면/ 나온 수의 말풍선에 어떤 수가 나오나요?

조립한 블록	나온 수
▶ 시작하기 버튼을 클릭했을 때 ? − 3 을(를) 계산하기 ▼	2
▶ 시작하기 버튼을 클릭했을 때 ? + 4 을(를) 계산하기 ▼	

답 ______________

융합 6 점심시간에 4명이 공놀이를 하고 있습니다./
그런데 친구 3명이 더 와서/ 같이 술래잡기를 하자고 하였습니다./
다 같이 사이좋게 술래잡기를 했다면/ 술래잡기를 한 친구는 모두 몇 명인지/
식을 쓰고 답을 구해 보세요.

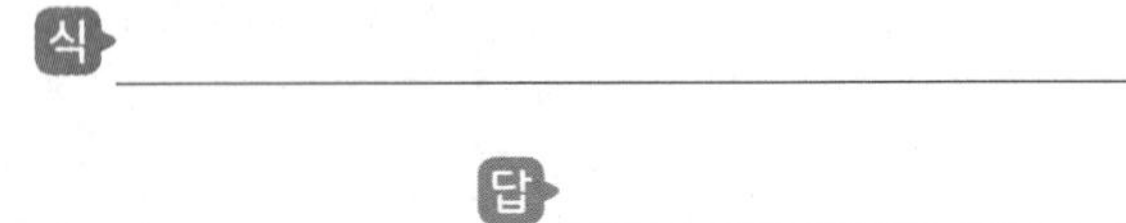
식 ______________

답 ______________

동생과 나는 주사위 눈의 수 1개에 1칸을 가는 말판놀이를 시작했습니다./
주사위를 2번씩 던져서 다음과 같이 나왔을 때/
누가 더 앞서고 있는지 확인해 보세요.

내가 던진 주사위 눈의 수	동생이 던진 주사위 눈의 수

내가 던진 주사위 눈의 수의 합은 (　　　　　　),
동생이 던진 주사위 눈의 수의 합은 (　　　　　　),
따라서 (　　　　　　)가(이) 더 앞서고 있습니다.

택시 정류장에 그림과 같이 택시가 손님을 태우려고 기다리고 있습니다./
택시 2대가 손님을 태우고 출발했다면/
남아 있는 택시는 몇 대인지 식을 쓰고 답을 구해 보세요.

식 ______________________

답 ______________

실전 마무리 하기

맞힌 문제 수

개 /10개

잘못 가르기 한 것 찾기

1 수를 잘못 가르기 한 것을 찾아 기호를 써 보세요.

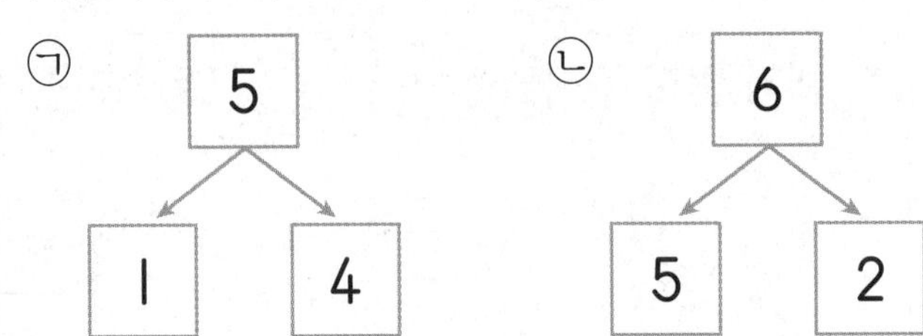

풀이

답

계산 결과의 크기 비교하기

2 계산 결과가 가장 큰 것을 찾아 기호를 써 보세요.

㉠ $0+6$　　㉡ $7-0$　　㉢ $3+3$

풀이

답

어떤 수 구하기 070쪽

3 빈 곳에 알맞은 수를 구해 보세요.

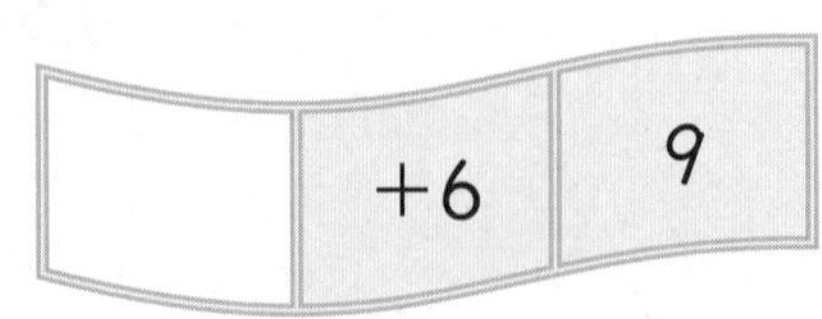

풀이

답 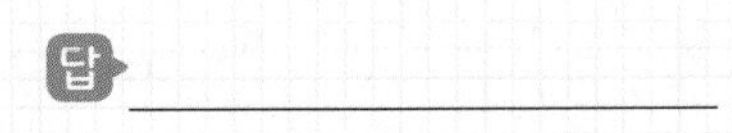

모으기와 가르기의 활용 064쪽

4 떡 5개를 접시 2개에 나누어 놓았습니다. 한쪽 접시에 3개를 놓았다면 다른 접시에 놓은 떡은 몇 개인가요?

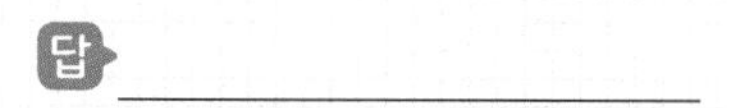

□ 안에 +, − 써넣기 065쪽

5 □ 안에 +, − 중 알맞은 것을 써넣으세요.

7 □ 4=3

풀이

답 7 □ 4=3

뺄셈 활용하기 067쪽

6 주차장에 자동차가 8대 있습니다. 2대가 나갔다면 주차장에 남아 있는 자동차는 몇 대인가요?

답 ______________

가장 큰 수와 가장 작은 수의 합과 차 068쪽

7 3장의 수 카드 중 가장 큰 수와 가장 작은 수의 차를 구해 보세요.

3  

풀이

답 ______________

덧셈 활용하기 070쪽

8 빨간 장미가 4송이 있습니다. 노란 장미는 빨간 장미보다 1송이 더 많다고 합니다. 노란 장미는 몇 송이 있나요?

답 ______________

두 수의 합을 비교하기 071쪽

9 은수는 노란색 풍선 5개, 분홍색 풍선 2개가 있고, 윤재는 연두색 풍선 4개, 하늘색 풍선 4개가 있습니다. 풍선을 더 많이 가지고 있는 사람은 누구인가요?

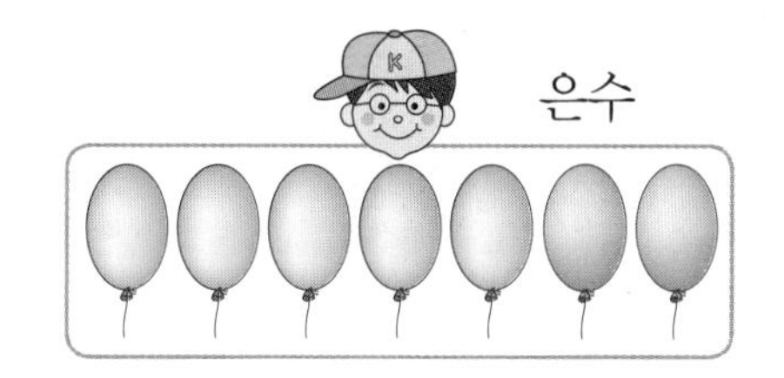

답

물건을 둘로 나누기 073쪽

10 체리 6개를 민주와 동생이 나누어 먹으려고 합니다. 체리를 민주가 동생보다 2개 더 많이 먹으려면 민주는 체리를 몇 개 먹으면 되나요?

답

4 비교하기

FUN한 기억 노트

길이 비교

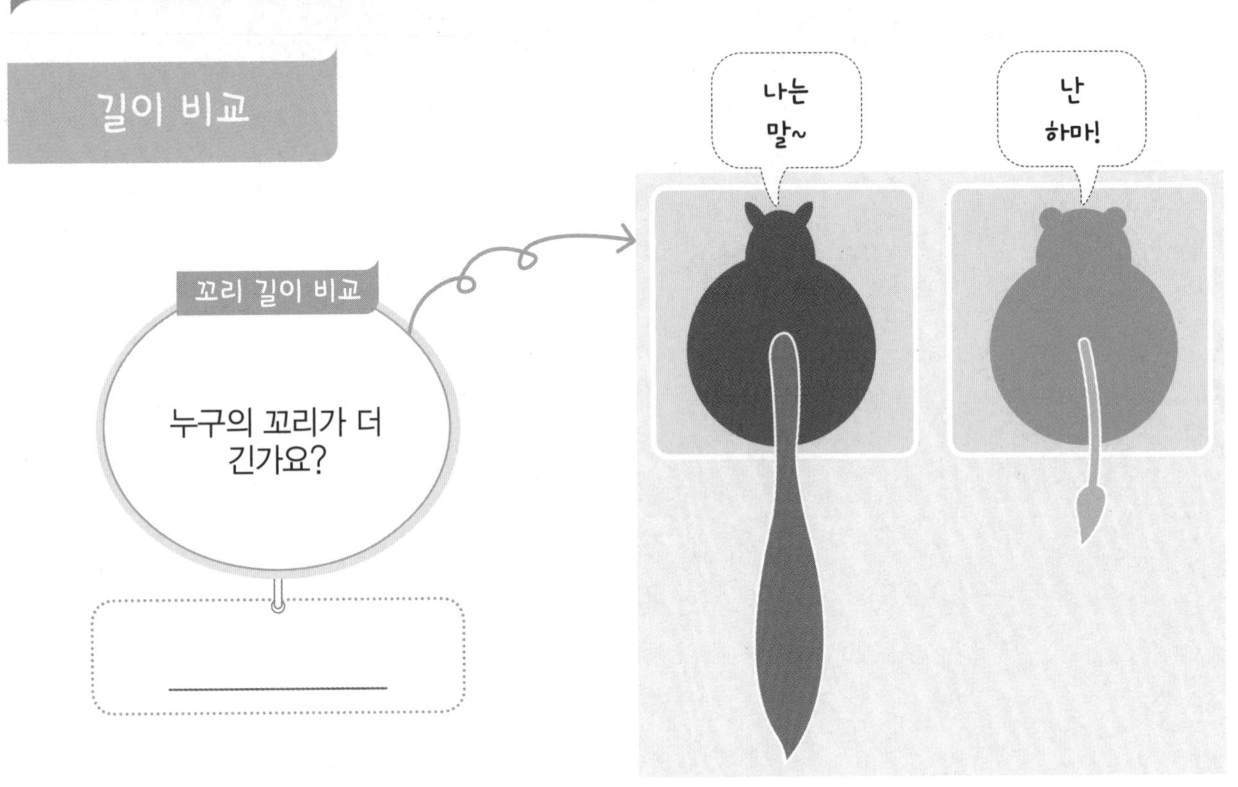

무게 비교

코끼리와 토끼의 무게 비교

시소는 어느 쪽으로 내려갈까요? ______________

나 다이어트 했는데~ 토끼가 내려갈걸? ㅋㅋㅋ

무게가 무거운 쪽으로 내려갑니다.

쓸 줄 알아야 진짜 실력!

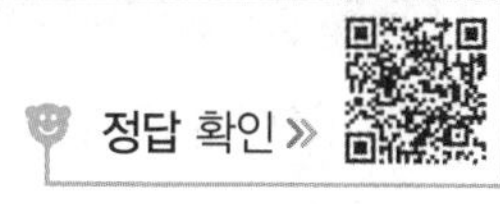

넓이 비교

담을 수 있는 양 비교

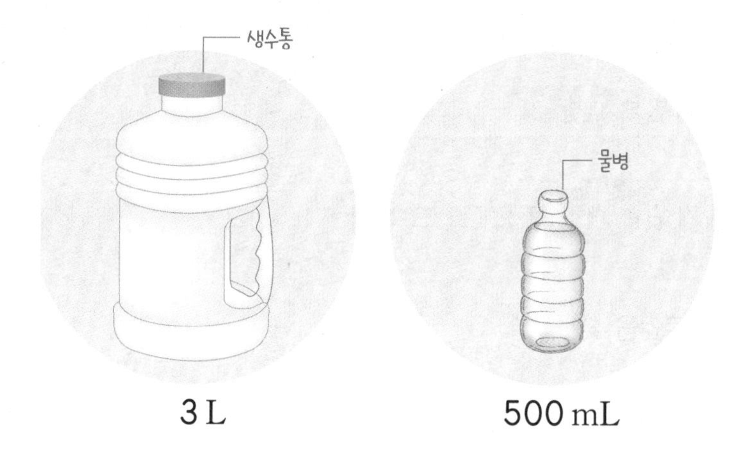

물의 양 비교

등산 갈 때
배낭에 어떤 것을
넣어야 할까요?

____

STEP 1

문제 해결력 기르기

① 더 긴 것 찾기

선행 문제 해결 전략

예 연필보다 더 긴 물건 찾기

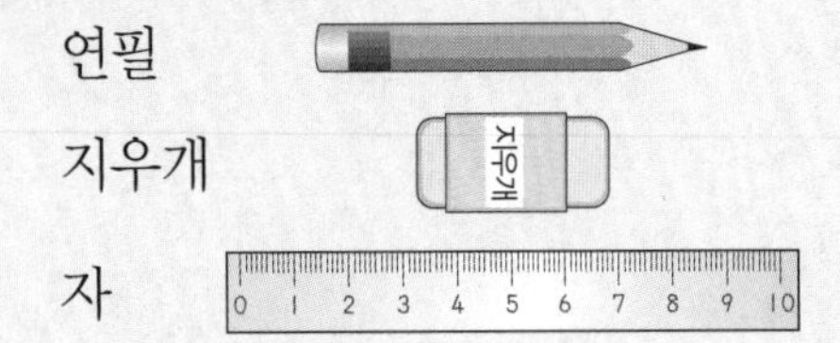

① 한쪽 끝을 맞추고
② 연필의 다른 쪽 끝에서 선을 긋는다.

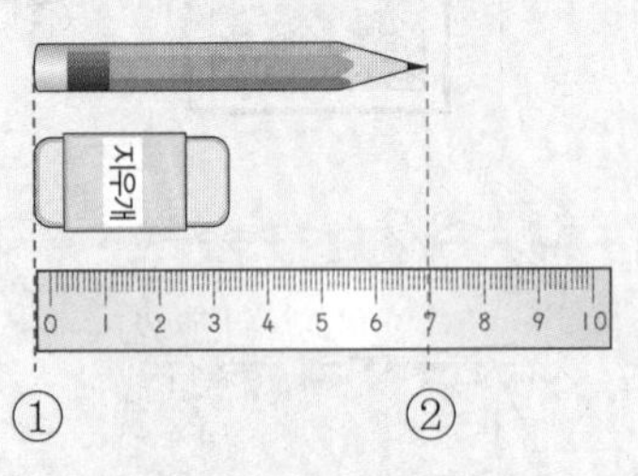

③ 연필보다 더 긴 물건을 찾는다. ➔ 자

└ ②에서 그은 선보다 오른쪽에 남는 것이 더 길다.

선행 문제 1

(1) 더 긴 것에 ○표 하세요.

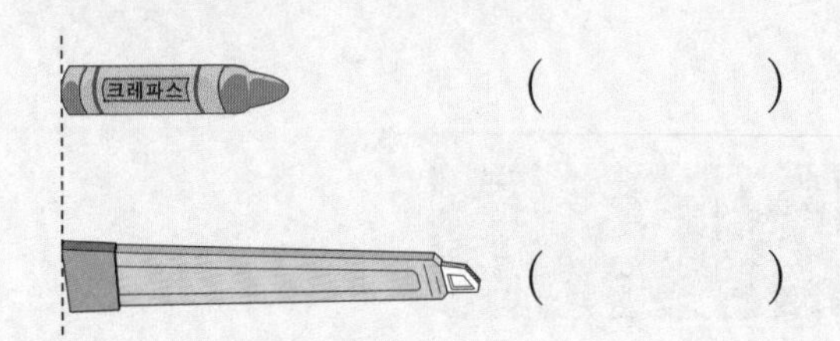

( )

( )

(2) 더 짧은 것에 ○표 하세요.

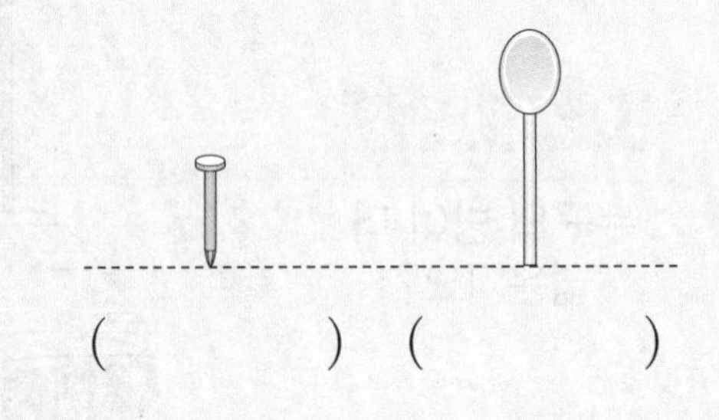

( ) ( )

실행 문제 1

색연필, 머리핀, 가위가 있습니다./
색연필보다 더 긴 것을 찾아보세요.

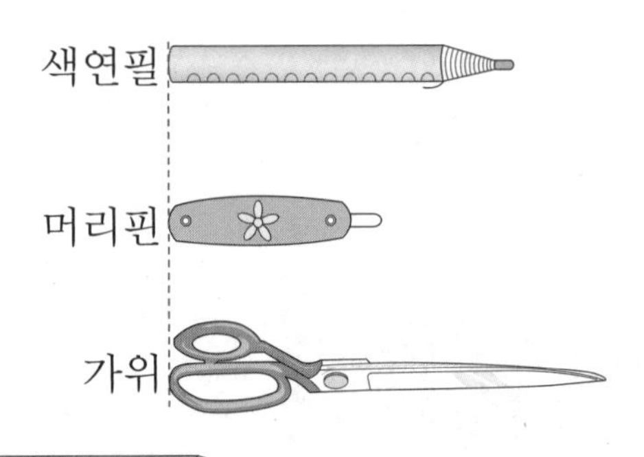

❶ 색연필의 오른쪽 끝에서 선 긋기 :

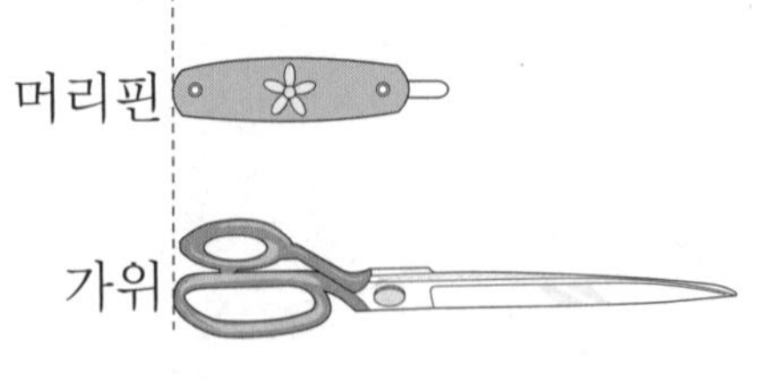

전략 ❶에서 그은 선보다 오른쪽으로 더 튀어나온 물건을 찾자.

❷ 색연필보다 더 긴 것 :

답 ____________

2 담긴 물의 양 비교하기

선행 문제 해결 전략

- 그릇에 담긴 물의 양 비교하기

  1. 그릇의 크기가 같을 때
     → 물의 높이를 비교한다.

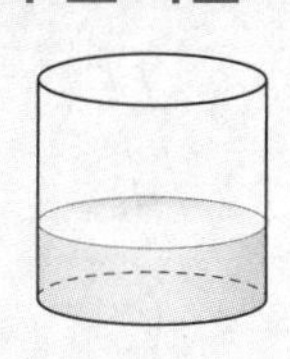
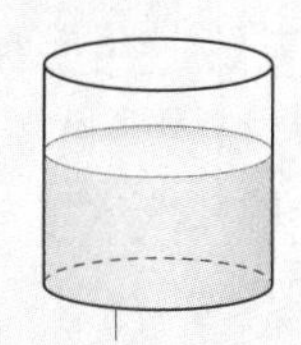

물의 높이가 더 높으므로
담긴 물의 양이 더 많다.

  2. 물의 높이가 같을 때
     → 그릇의 크기를 비교한다.

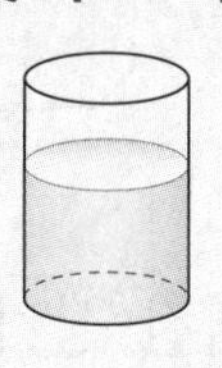
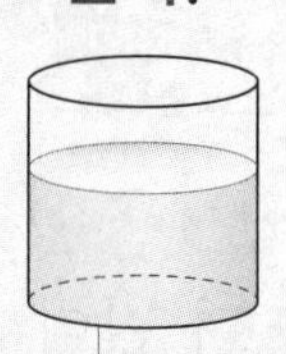

그릇이 더 크므로
담긴 물의 양이 더 많다.

선행 문제 2

담긴 물의 양을 비교하려고 합니다. 알맞은 말에 ○표 하세요.

(1)

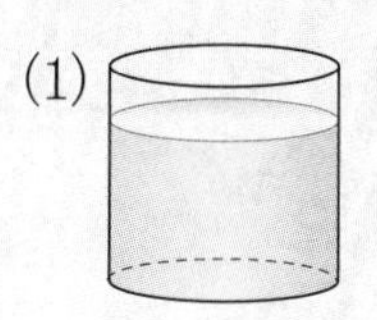
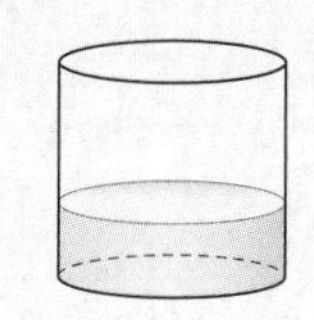

→ 그릇의 크기가 같으므로
(그릇의 크기 , 물의 높이)를 비교한다.

(2)

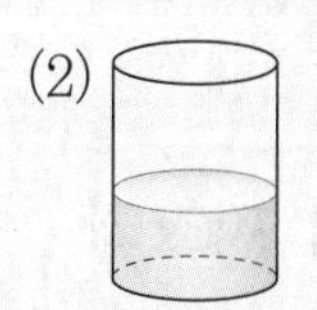
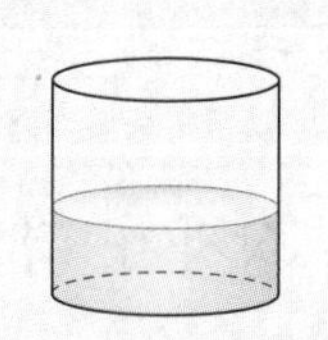

→ 물의 높이가 같으므로
(그릇의 크기 , 물의 높이)를 비교한다.

실행 문제 2

물이 가장 많이 담긴 것을 찾아/ 기호를 써 보세요.

㉠ ㉡ ㉢

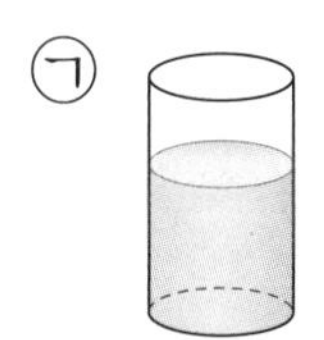

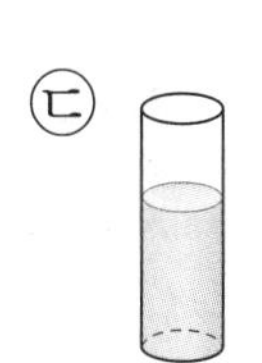

전략 물의 높이를 비교하자.

❶ 물의 높이가 (같다 , 다르다).

전략 물의 높이가 같으면 그릇의 크기를 비교하자.

❷ 물이 가장 많이 담긴 것 : ☐

답 

쌍둥이 문제 2-1

물이 가장 많이 담긴 것을 찾아/ 기호를 써 보세요.

㉠ ㉡ ㉢

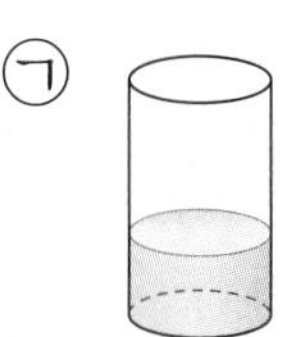

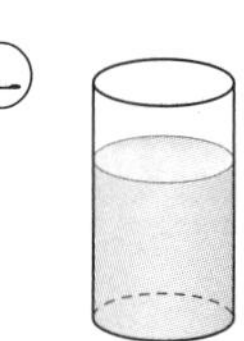
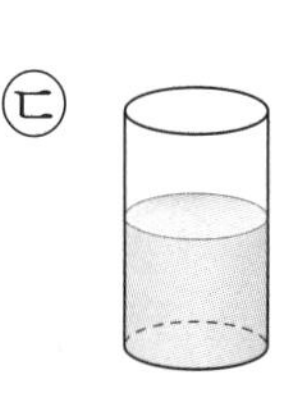

전략 그릇의 크기를 비교하자.

❶ 그릇의 크기가 (같다 , 다르다).

전략 그릇의 크기가 같으면 물의 높이를 비교하자.

❷ 물이 가장 많이 담긴 것 : ☐

답 

문제 해결력 기르기

③ 찌그러진 상자를 보고 무게 비교하기

선행 문제 해결 전략

- 무게에 따라 상자가 찌그러지는 정도 알아보기

가벼울수록 상자가 더 적게 찌그러진다.
무거울수록 상자가 더 많이 찌그러진다.

선행 문제 3

더 무거운 물건을 올려놓았던 쪽에 ○표 하세요.

(1)

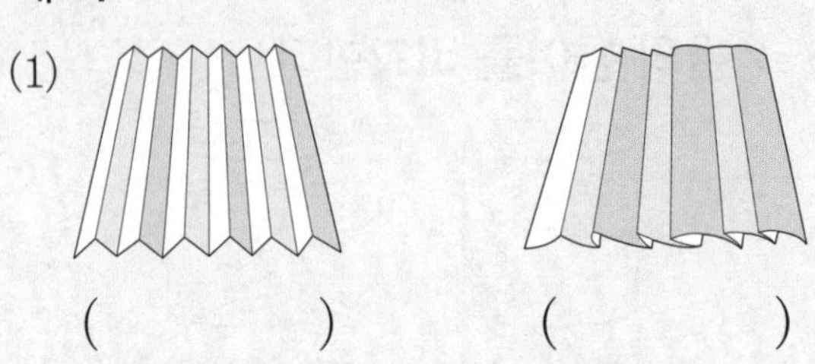

( ) ( )

풀이 종이가 더 많이 무너진 쪽 물건이 더 (가볍다 , 무겁다).

(2)

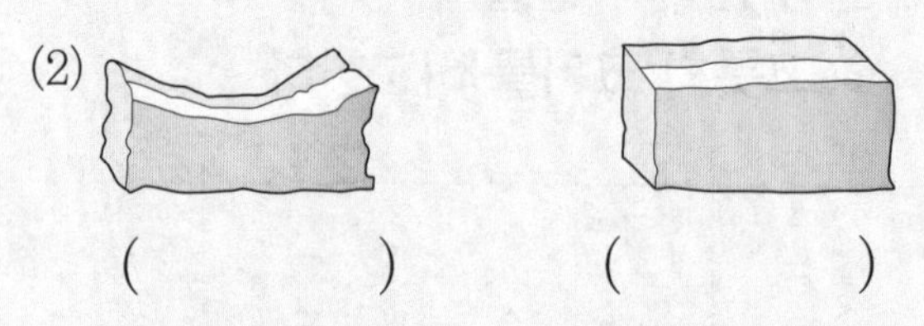

( ) ( )

풀이 더 많이 찌그러진 상자 쪽 물건이 더 (가볍다 , 무겁다).

실행 문제 3

[보기]는 가, 나의 상자 위에 올려놓았던 물건입니다./
가 상자 위에 올려놓았던 물건의 기호를 써 보세요.

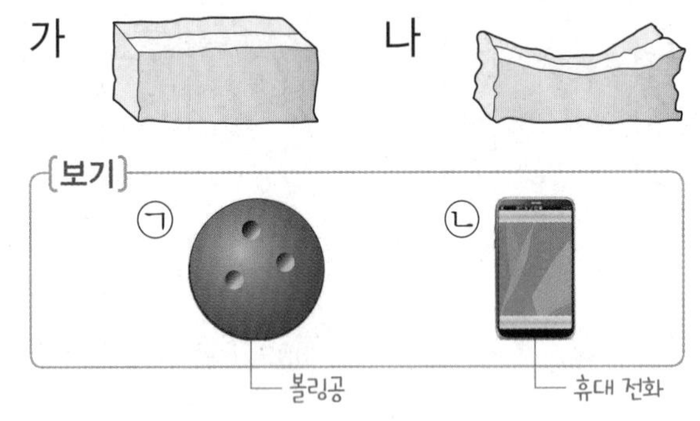

전략 상자의 찌그러진 정도를 비교하자.

❶ 가는 나보다 더 (적게 , 많이) 찌그러졌다.

전략 더 적게 찌그러진 곳에 가벼운 물건을 올려놓은 것이다.

❷ 가 상자 위에 올려놓았던 물건 : ☐

4 시소에서 몸무게 비교하기

선행 문제 해결 전략

• 세 사람의 몸무게 비교하기

시소에서는 무거운 사람이 내려간다.

① 현우와 지호의 몸무게 비교

② 지호와 지혜의 몸무게 비교

지호 < 지혜

지혜가 더 무겁다.

③ ①, ②를 보고 몸무게 비교

선행 문제 4

더 무거운 사람을 찾아 이름을 써 보세요.

(1)

선우 은미

풀이 시소가 내려간 쪽에 있는

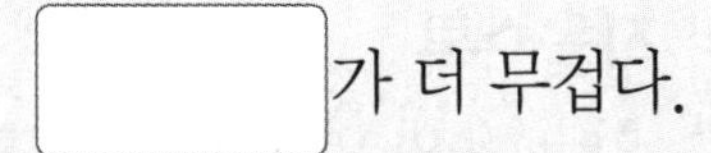

가 더 무겁다.

(2)

준수 유리

풀이 시소가 내려간 쪽에 있는 ☐가 더 무겁다.

실행 문제 4

가장 무거운 상자를 찾아 기호를 써 보세요.

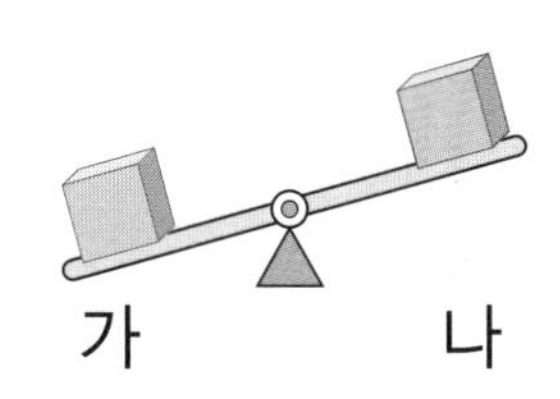

가 나

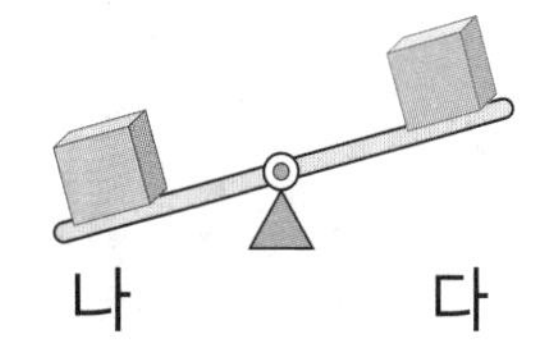

나 다

❶ 가와 나의 무게를 비교하면 ☐ < ☐

더 가볍다. 더 무겁다.

❷ 나와 다의 무게를 비교하면 ☐ < ☐

더 가볍다. 더 무겁다.

전략 ❶, ❷를 보고 무게를 비교하여 가장 무거운 상자를 찾자.

❸ 가, 나, 다의 무게를 비교하면 ☐ < ☐ < ☐

가장 가볍다. 가장 무겁다.

가장 무거운 상자 : ☐

답 ____________

⑤ 물을 빨리 받을 수 있는 것 찾기

선행 문제 해결 전략

• 물을 더 빨리 담을 수 있는 그릇 찾기

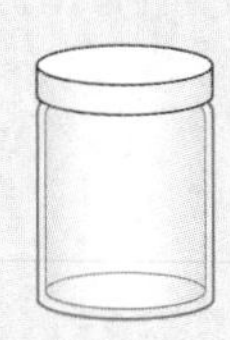

그릇이 작을수록
담을 수 있는 물의 양이 더 적으므로
물을 더 빨리 담을 수 있다.

→ (컵)이 (통)보다 작으므로 물을 더 빨리 담을 수 있다.

선행 문제 5

(1) 담을 수 있는 물의 양이 더 적은 그릇에 ○표 하세요.

(　　　　) (　　　　)

풀이 (작은 , 큰) 그릇을 찾는다.

(2) 담을 수 있는 물의 양이 더 많은 그릇에 ○표 하세요.

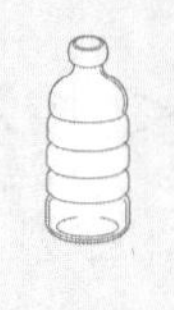

(　　　　) (　　　　)

풀이 (작은 , 큰) 그릇을 찾는다.

실행 문제 5

나오는 물의 양이 같을 때/
물을 더 빨리 받을 수 있는 쪽의 기호를 써 보세요.

가 

나 

❶ 물을 더 빨리 받으려면 물통이 더 (커야 , 작아야) 한다.

전략 물통의 크기를 비교하자.

❷ 물을 더 빨리 받을 수 있는 쪽 : ☐

답 ____________

6 문장을 보고 넓이 비교하기

선행 문제 해결 전략

예 그림을 그려 가, 나, 다의 넓이 비교하기

- 나는 가보다 더 넓습니다.
- 다는 나보다 더 넓습니다.

① 나는 가보다 더 넓다.

② 다는 나보다 더 넓다.

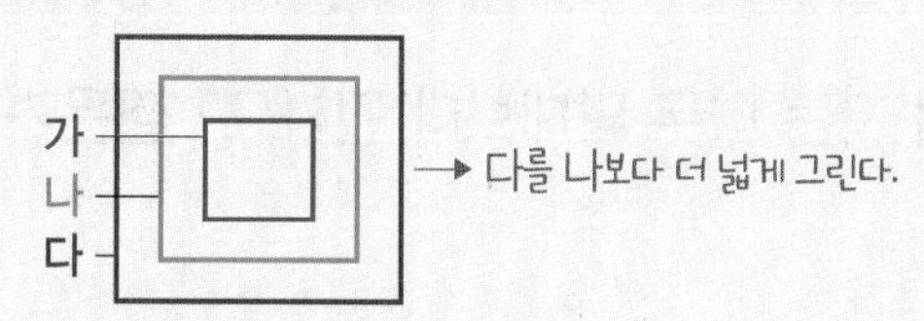

➔ 다가 가장 넓다.
가가 가장 좁다.

선행 문제 6

(1) 주어진 □보다 더 좁은 □를 그려 보세요.

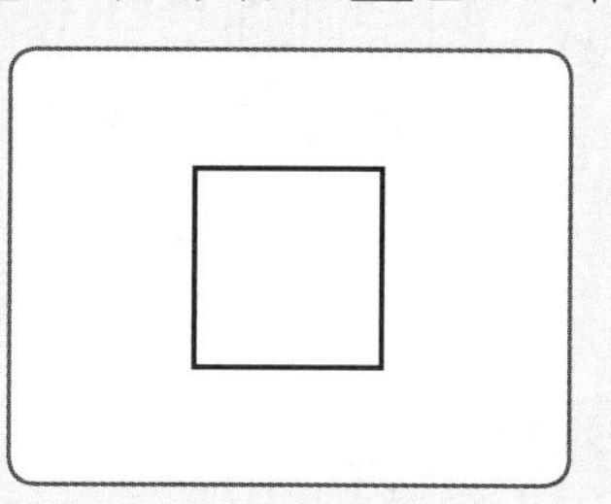

(2) 주어진 □보다 더 넓은 □를 그려 보세요.

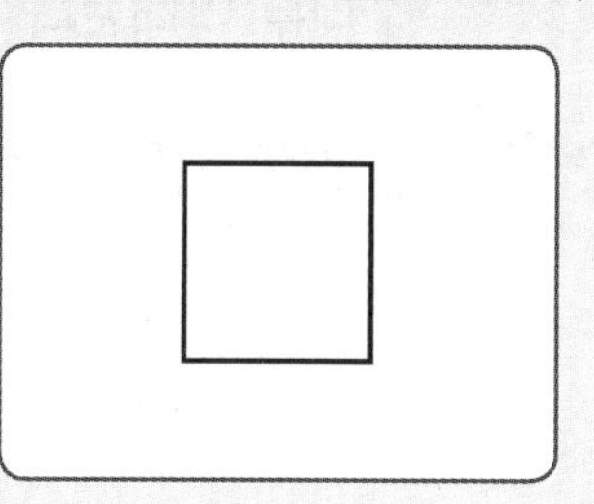

실행 문제 6

가, 나, 다의 넓이를 비교한 것입니다./ 가장 넓은 것은 무엇인가요?

- 가는 나보다 더 넓습니다.
- 다는 나보다 더 좁습니다.

전략 □ 모양을 이용하여 가를 나보다 더 넓게 그리고 다를 나보다 더 좁게 그려 보자.

❶ 가, 나, 다 그려 보기 :

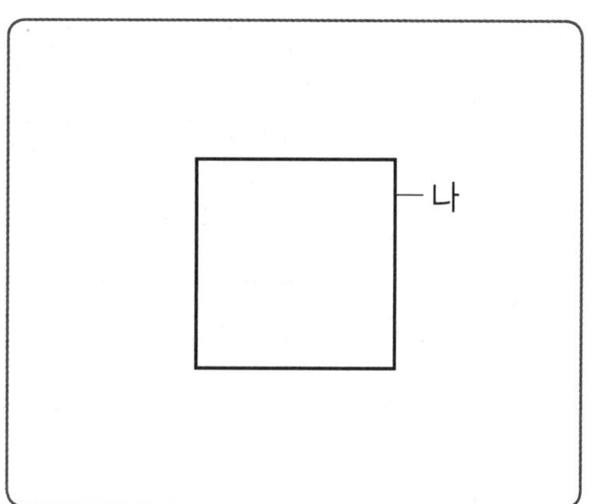

전략 ❶의 그림에서 가, 나, 다 중 가장 넓은 것을 찾자.

❷ 가장 넓은 것 : □

답 ____________

STEP 2

수학 사고력 키우기

더 긴 것 찾기

연계학습 084쪽

대표 문제 1

나무 막대보다 더 긴 물건을 찾아/ 기호를 써 보세요.

나무 막대

㉠

㉡

구하려는 것은?

나무 막대보다 더 긴 물건

어떻게 풀까?

1 한쪽 끝을 맞추고 나무 막대 다른 쪽 끝에서 선을 그은 다음

2 나무 막대보다 더 긴 물건을 찾자.

해결해 볼까?

❶ 한쪽 끝을 파란색 점선에 맞추었을 때 자는 나무 막대보다 긴가요? 짧은가요?

나무 막대

㉠

㉡

답 ____________

❷ ❶의 그림에서 한쪽 끝을 빨간색 점선에 맞추었을 때 우산은 나무 막대보다 긴가요? 짧은가요?

답 ____________

❸ 나무 막대보다 더 긴 물건의 기호는?

답 ____________

쌍둥이 문제 1-1

초록색 선보다 더 짧은 선을 찾아/ 기호를 써 보세요.

㉠

㉡

대표 문제 따라 풀기

❶

❷

❸

답 ____________

담긴 물의 양 비교하기

연계학습 085쪽

대표 문제 2 물이 가장 많이 담긴 것을 찾아/ 기호를 써 보세요.

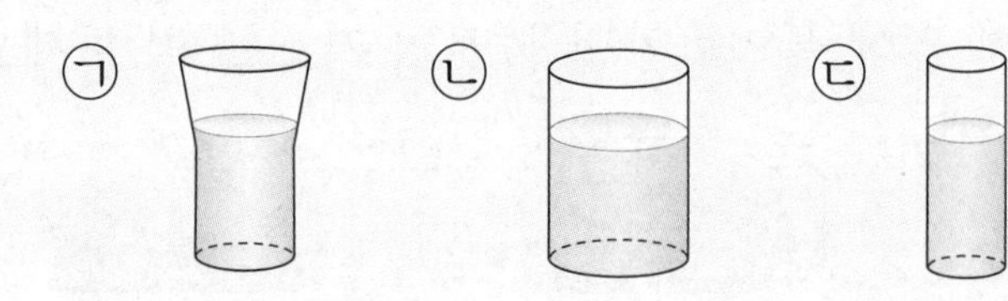

구하려는 것은?

물이 가장 □ 담긴 것 찾기

어떻게 풀까?

1 물의 높이를 비교한 다음

2 물의 높이가 같으면 그릇의 크기를 비교하자.

해결해 볼까?

❶ 물의 높이를 비교하기

답 (같다 , 다르다)

❷ 물이 가장 많이 담긴 것의 기호는?

전략 물의 높이가 같을 때는 큰 그릇에 물이 더 많이 담겨 있다.

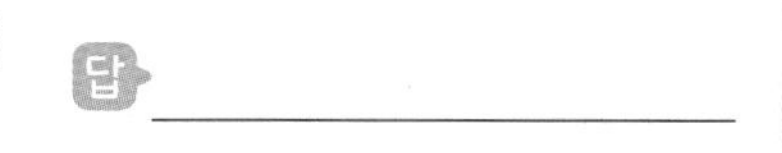

답 ____________

쌍둥이 문제 2-1

물이 가장 적게 담긴 것을 찾아/ 기호를 써 보세요.

㉠ 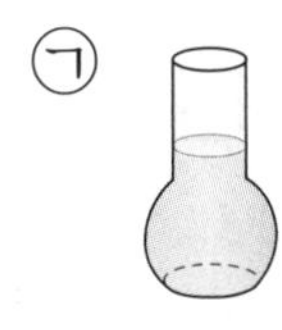 ㉡   ㉢ 

대표 문제 따라 풀기

❶

❷

답 ____________

STEP 2

수학 사고력 키우기

찌그러진 상자를 보고 무게 비교하기

연계학습 086쪽

대표 문제 3

[보기]는 각각의 상자 위에 올려놓았던 물건입니다./ 나 상자 위에 올려놓았던 물건의 기호를 써 보세요.

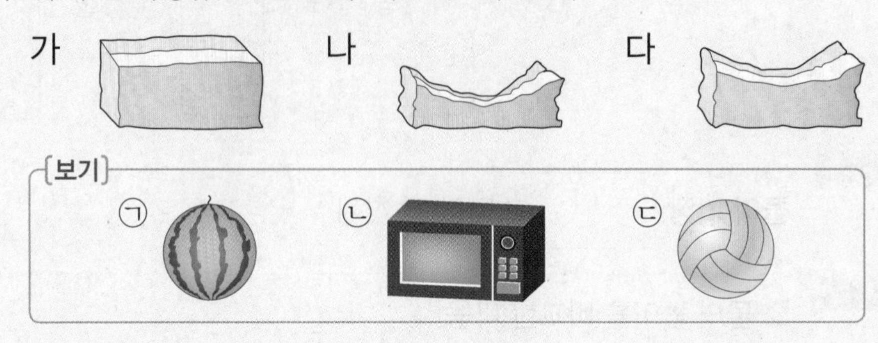

구하려는 것은?

□ 상자 위에 올려놓았던 물건

어떻게 풀까?

1 나 상자의 찌그러진 정도를 알아본 다음

2 물건의 무게를 비교하여 나 상자 위에 올려놓았던 물건을 찾자.

해결해 볼까?

❶ 나 상자의 찌그러진 정도를 비교하기

나 상자는 (가장 적게 , 중간 정도로 , 가장 많이) 찌그러졌다.

❷ 나 상자 위에 올려놓았던 물건의 기호는?

전략 더 많이 찌그러졌을수록 더 무거운 물건을 올려놓은 것이다.

답 ____________

쌍둥이 문제 3-1

다 상자 위에 앉았던 사람은 누구인지/ 오른쪽 사람 중에서 알맞게 써 보세요.

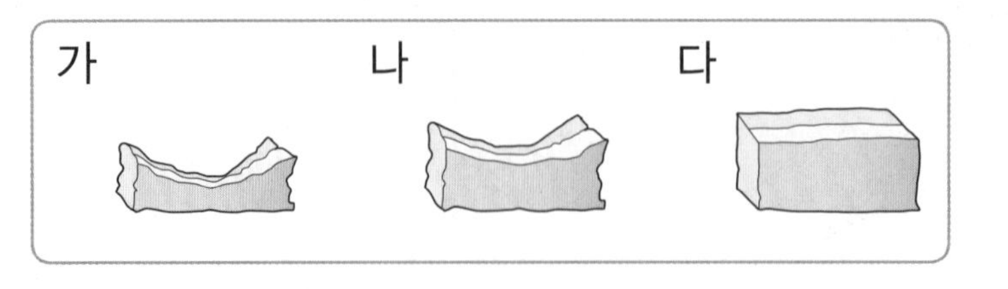

대표 문제 따라 풀기

❶

❷

답 ____________

시소에서 몸무게 비교하기

연계학습 087쪽

대표 문제 4 몸무게를 비교하여/ 무거운 사람부터 차례로 이름을 써 보세요.

구하려는 것은? ☐ 사람부터 차례로 이름 쓰기

어떻게 풀까?

1 두 사람의 몸무게를 각각 비교한 다음

2 세 사람의 몸무게를 비교하여 무거운 사람부터 차례로 이름을 쓰자.

해결해 볼까?

❶ 준서와 현수의 몸무게 비교하기

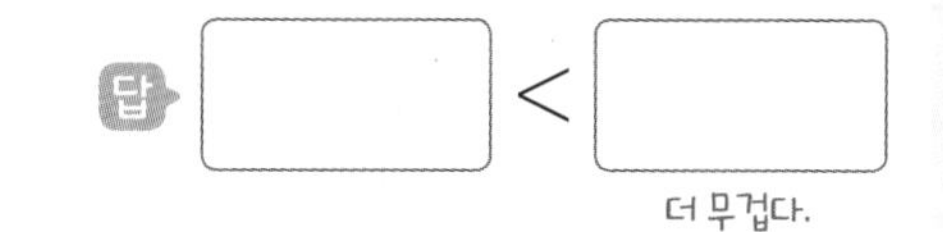

❷ 은주와 현수의 몸무게 비교하기

답 ☐ < ☐ 더 무겁다.

❸ 세 사람의 몸무게를 비교하여 무거운 사람부터 차례로 이름 쓰기

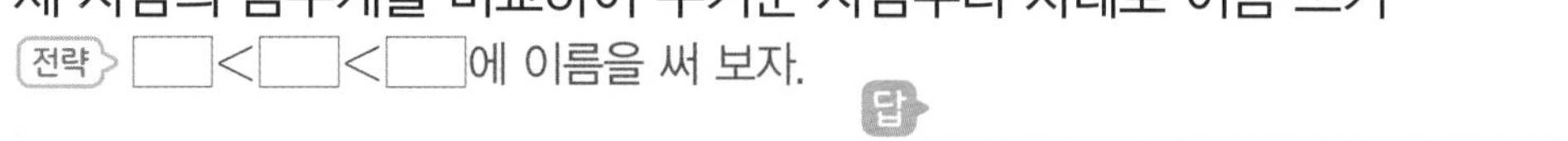

쌍둥이 문제 4-1

몸무게를 비교하여 무거운/ 사람부터 차례로 이름을 써 보세요.

대표 문제 따라 풀기

❶

❷

❸

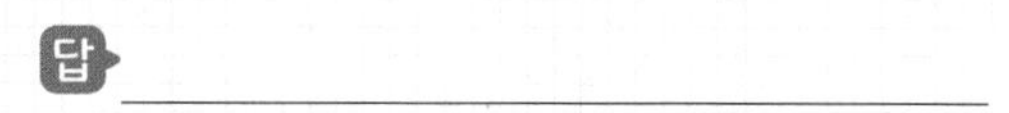

4 비교하기

물을 빨리 받을 수 있는 것 찾기

연계학습 088쪽

대표 문제 5 나오는 물의 양이 같을 때/ 물을 더 빨리 받을 수 있는 쪽의 기호를 써 보세요.

가 나

구하려는 것은?

물을 더 ☐ 받을 수 있는 쪽 찾기

가와 나에 똑같이 있는 그릇을 지우고 남은 통을 비교하면 쉬워~

주어진 것은?

- 가 : 생수병 ☐개
- 나 : 생수병 ☐개, 사각 물통 ☐개

해결해 볼까?

❶ 담을 수 있는 물의 양이 적은 쪽의 기호 쓰기

전략 그릇이 작을수록 담을 수 있는 물의 양이 적다.

답 ________

❷ 물을 더 빨리 받을 수 있는 쪽의 기호 쓰기

전략 담을 수 있는 물의 양이 적을수록 더 빨리 받을 수 있다.

답 ________

쌍둥이 문제 5-1

나오는 물의 양이 같을 때/ 물을 받는 데 더 오래 걸리는 쪽의 기호를 써 보세요.

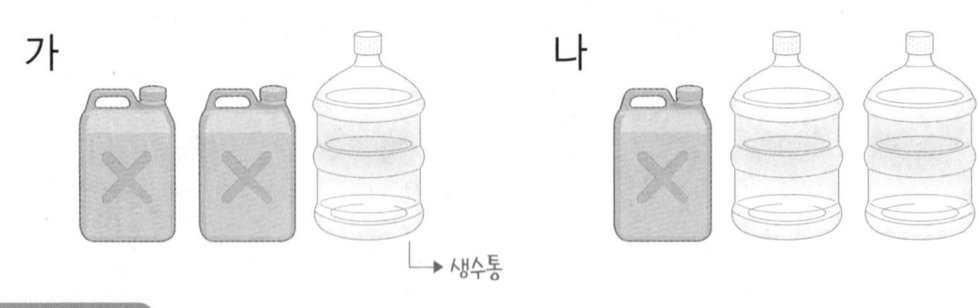

대표 문제 따라 풀기

❶

❷

답 ________

문장을 보고 넓이 비교하기

연계학습 089쪽

대표 문제 6 가장 넓은 도화지는 무엇인가요?

• 분홍색 도화지는 하늘색 도화지보다 더 좁습니다.
• 연두색 도화지는 하늘색 도화지보다 더 넓습니다.

구하려는 것은?

가장 ☐ 도화지

어떻게 풀까?

1 ☐ 모양을 이용하여 그림을 그린 다음
2 넓이를 비교하여 가장 넓은 것을 찾자.

해결해 볼까?

❶ 하늘색 도화지를 ☐ 모양으로 그렸을 때 분홍색 도화지를 ☐ 모양으로 그리기

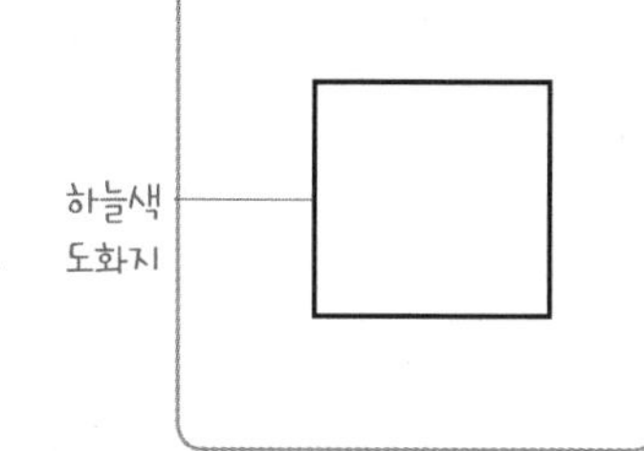

❷ ❶에서 그린 그림에 연두색 도화지를 ☐ 모양으로 그리기

❸ 가장 넓은 도화지는 무슨 색?

 그림에서 가장 넓은 것을 찾자.

답 ______________

쌍둥이 문제 6-1

가장 좁은 물건은 무엇인가요?

• 스케치북은 공책보다 넓습니다.
• 공책은 색종이보다 넓습니다.

대표 문제 따라 풀기

❶

❷

❸

답 ______________

STEP 3

수학 독해력 완성하기

높이 비교하기

독해 문제 1

아랑 빌딩은 탑 빌딩보다 더 높고,/ 성아 빌딩은 탑 빌딩보다 더 낮습니다./ 낮은 빌딩부터 차례로 써 보세요.

구하려는 것은? 낮은 빌딩부터 차례로 쓰기

주어진 것은?
- 아랑 빌딩은 탑 빌딩보다 더 높다.
- 성아 빌딩은 탑 빌딩보다 더 낮다.

어떻게 풀까?
1 아랑 빌딩과 탑 빌딩, 성아 빌딩과 탑 빌딩의 높이를 비교한 다음
2 세 빌딩의 높이를 비교하여 낮은 빌딩부터 차례로 쓰자.

해결해 볼까?

❶ 아랑 빌딩이 탑 빌딩보다 더 높도록 그림을 그리면?

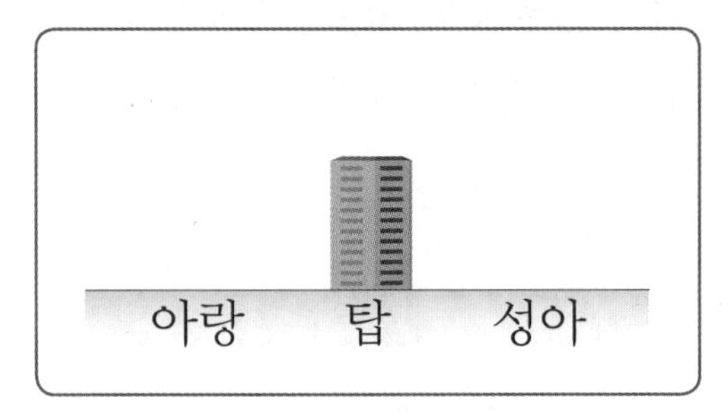

❷ ❶의 그림에 성아 빌딩이 탑 빌딩보다 더 낮게 그림을 그리면?

❸ ❶의 그림에서 세 빌딩의 높이를 비교하여 낮은 빌딩부터 차례로 쓰기

 답 ________________

부은 컵의 수로 컵의 크기 비교하기

독해 문제 2

가 컵과 나 컵에 물을 가득 채워/ 똑같은 크기의 그릇 2개에 각각 부었습니다./
가 컵과 나 컵으로 다음과 같이 부어 가득 찼다면/
더 큰 컵은 어느 것인지 기호를 써 보세요.

가 컵	나 컵
7번	4번

구하려는 것은? 더 ☐ 컵

주어진 것은?
- 가 컵으로 부은 횟수 : ☐번
- 나 컵으로 부은 횟수 : ☐번

어떻게 풀까?
1 더 큰 컵으로 그릇을 가득 채우면 횟수가 어떻게 되는지 생각해 보고
2 물을 부은 횟수를 비교하여 더 큰 컵을 찾자.

해결해 볼까?

❶ 더 큰 컵은 부은 횟수가 많나요? 적나요?

답 ________

❷ 부은 횟수가 더 적은 컵은?

답 ________

❸ 더 큰 컵은?

답 ________

창의·융합·코딩 체험하기

다음과 같이 집에 있는 가전제품의 무게를 비교해 보았습니다./
㉠, ㉡이 무엇인지 각각 구해 보세요.

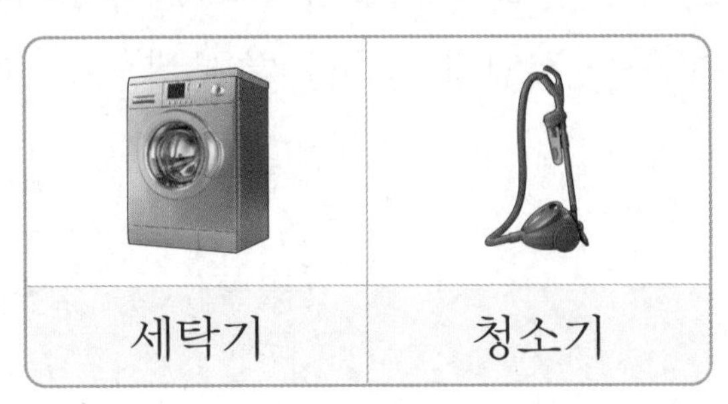

(㉠)는 (㉡)보다 더 가볍습니다.

답 ㉠ : ________________, ㉡ : ________________

어머니와 은주가 가구점에 갔습니다./ 책상은 공간이 넓지 않아 책상 면이 더 좁은 것으로 사고/ 의자는 등받이가 가장 넓은 것으로 샀습니다./ 어느 것인지 기호를 써 보세요.

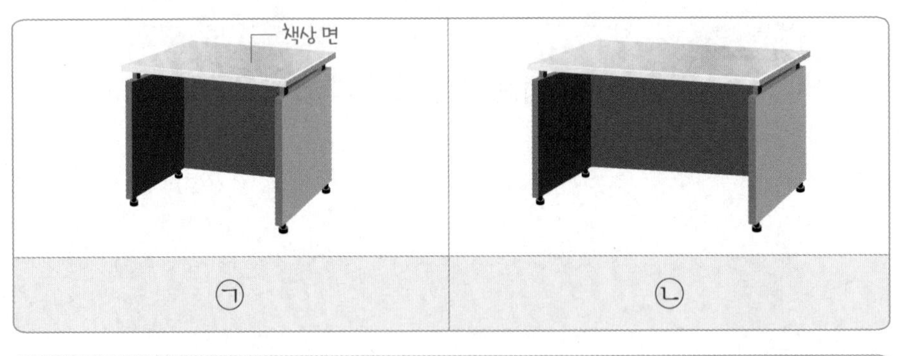

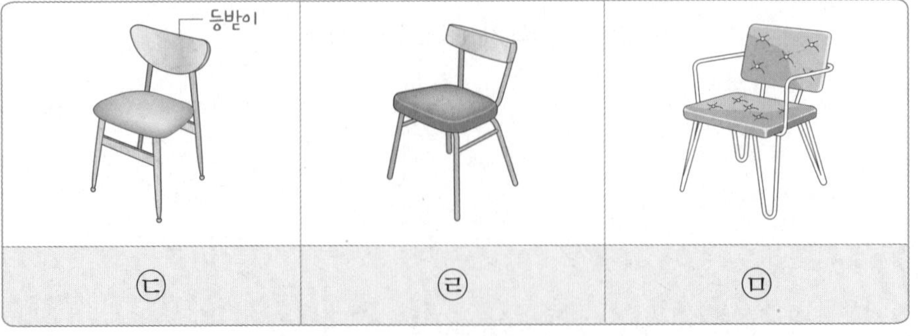

답 책상 : ________________, 의자 : ________________

창의 3 더 긴 리본을 찾아/ 기호를 써 보세요.

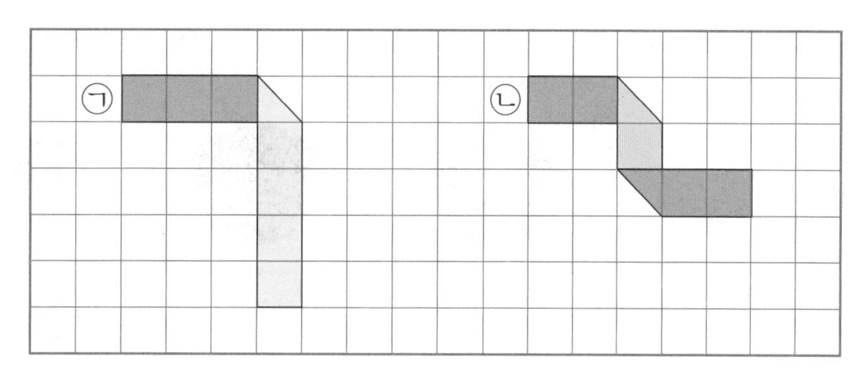

게임을 만들기 위해 캐릭터를 화면에 불러와서/ 다음과 같은 코드를 입력하여 프로그램을 실행하였습니다./ ㉠과 ㉡이 각각 프로그램 실행 전과 후 어디에 해당하는지/ 빈 곳에 알맞은 기호를 써 보세요.

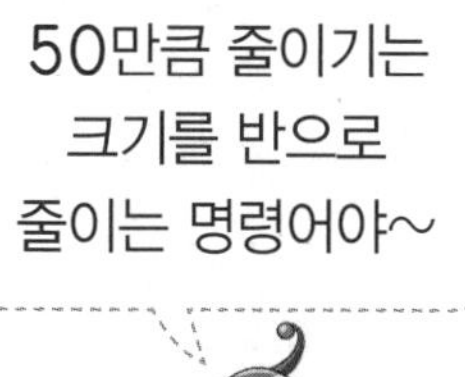

프로그램을 실행하기 전 모습은 (　　　　　)이고
프로그램을 실행한 후 모습은 (　　　　　)입니다.

창의·융합·코딩 체험하기

창의 5 똑같은 컵으로 냄비에 물을 부어서 반씩 채웠을 때 횟수입니다./
가장 많은 물을 담을 수 있는 냄비에 물을 가득 채우려면/ 몇 컵 부어야 하나요?

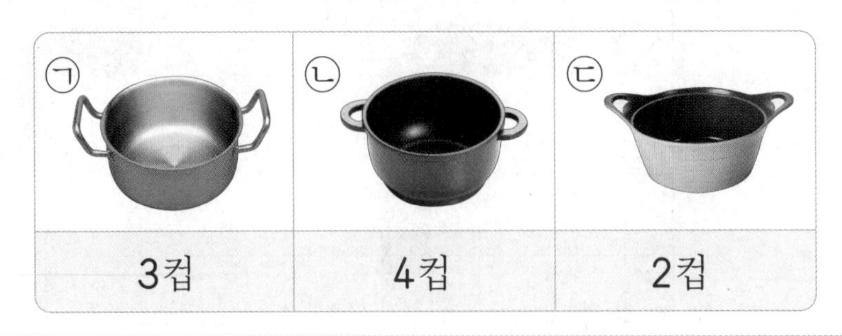

㉠	㉡	㉢
3컵	4컵	2컵

(　　　　) 냄비에 물을 (　　　　)컵 부으면 가득 찹니다.

코딩 6 코딩을 위해 불러온 동물 친구들입니다./
다음 설명에 맞게 동물들의 키를 수정하였더니 동물들의 키가 그림과 같이 변하였습니다./ (　　) 안에 알맞은 말을 써넣으세요.

(　　　　)은 키가 제일 커!!
거북의 키는 (　　　　, 　　　　)보다 작고
강아지의 키는 (　　　　)보다 크고 (　　　　)보다 작아.
(　　　　)의 키가 제일 작아!!

창의 7 수빈이네 가족이 밭에 여러 가지 채소를 심었습니다./
색을 칠한 만큼의 칸에 각각의 채소를 심었다고 할 때,/
심은 넓이가 넓은 것부터 차례로 써 보세요.

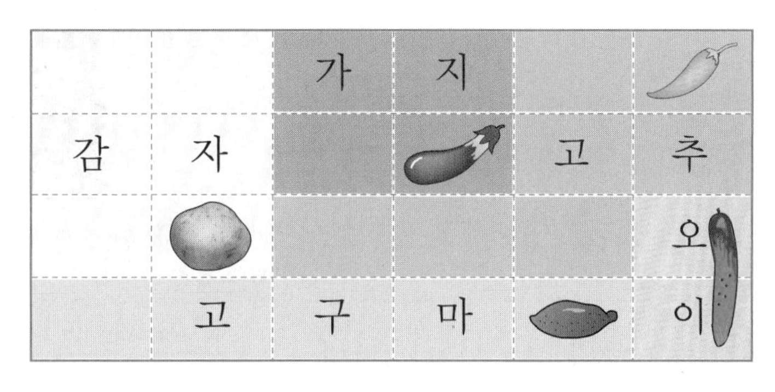

음료수를 사러 갔더니 크기가 다른 사이다가 있었습니다./
다음과 같이 같은 크기의 그릇에 넣었을 때/ 높이를 예상해서 각각 그려 보세요.

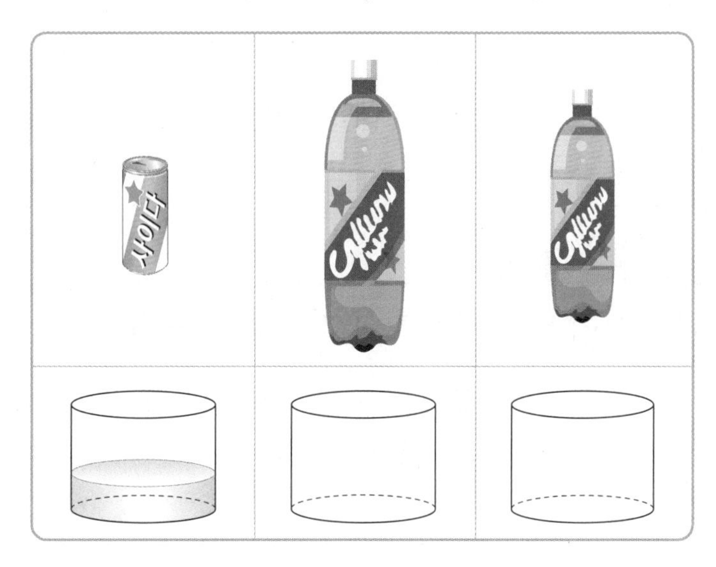

종합평가

실전 마무리 하기

맞힌 문제 수
개 / 10개

더 좁은 물건 찾기

1 더 좁은 것을 찾아 기호를 써 보세요.

㉡

풀이

답 ____________

더 무거운 물건 찾기

2 더 무거운 것을 찾아 기호를 써 보세요.

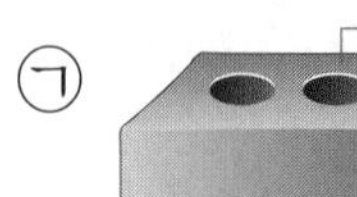

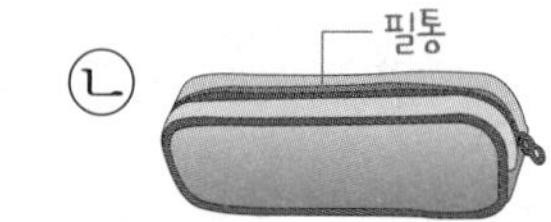

풀이

답 ____________

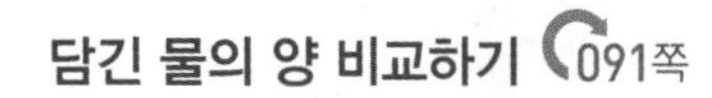

3 물이 더 많이 들어 있는 것을 찾아 기호를 써 보세요.

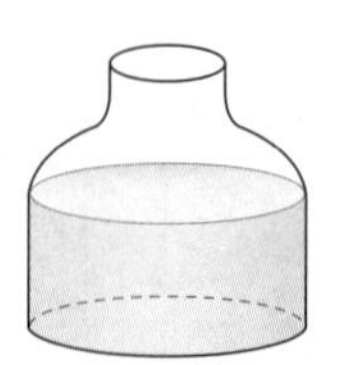

풀이

답
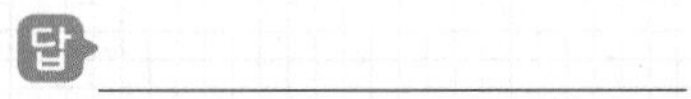

더 긴 것 찾기 084쪽

4 연필보다 더 긴 물건을 찾아 써 보세요.

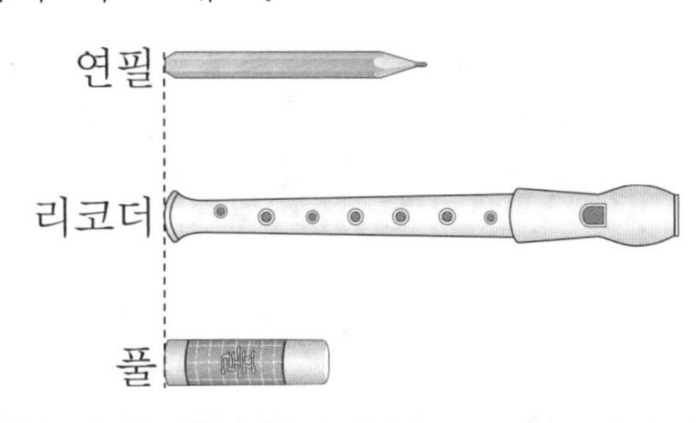

풀이

답 ______________

찌그러진 상자를 보고 무게 비교하기 092쪽

5 [보기]는 각각의 상자 위에 앉았던 동물입니다. 가 상자 위에 앉았던 동물의 기호를 써 보세요.

풀이

답 ______________

시소에서 몸무게 비교하기 093쪽

6

가장 가벼운 사람의 이름을 써 보세요.

풀이

답

물을 빨리 받을 수 있는 것 찾기 094쪽

7

나오는 물의 양이 같을 때 물을 더 빨리 받을 수 있는 쪽의 기호를 써 보세요.

가 

나 

풀이

답

담긴 물의 양 비교하기 085쪽

8

물이 가장 많이 담긴 그릇을 찾아 기호를 써 보세요.

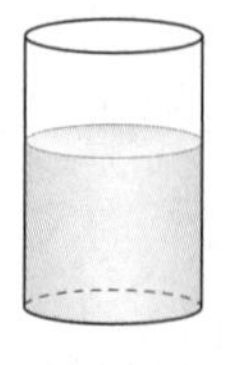

ㄴ 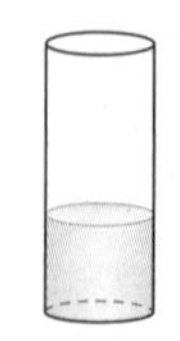

ㄷ 

풀이

답 

주어진 선의 길이 비교하기

9 곰이네 집에서 토끼네 집까지 가는 길은 3가지입니다. 가장 짧은 길을 찾아 기호를 써 보세요.

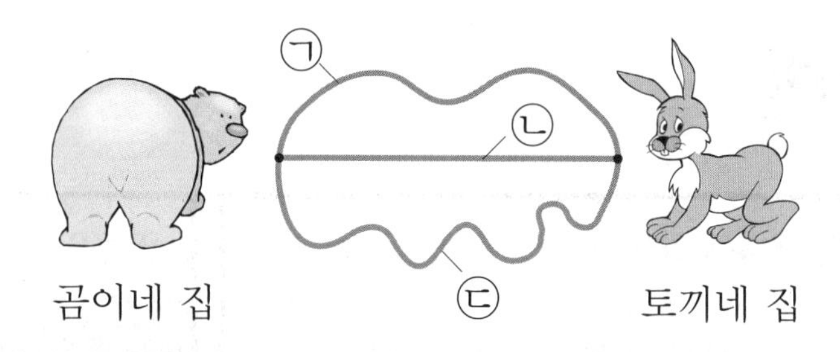

답 ______________

문장을 보고 넓이 비교하기 095쪽

10 가장 넓은 것은 무엇인가요?

- 꽃밭은 텃밭보다 넓습니다.
- 연못은 텃밭보다 좁습니다.

풀이

답 ______________

5 50까지의 수

FUN 한 이야기

매쓰 FUN 생활 속 수학 이야기

영웅이네 가족은 동물원에 갔어요./
영웅이는 동물 친구들에게 주려고/ 당근을 10개씩 묶음 2개와 낱개 5개 가지고 왔어요./
영웅이가 가지고 온 당근은 몇 개인가요?

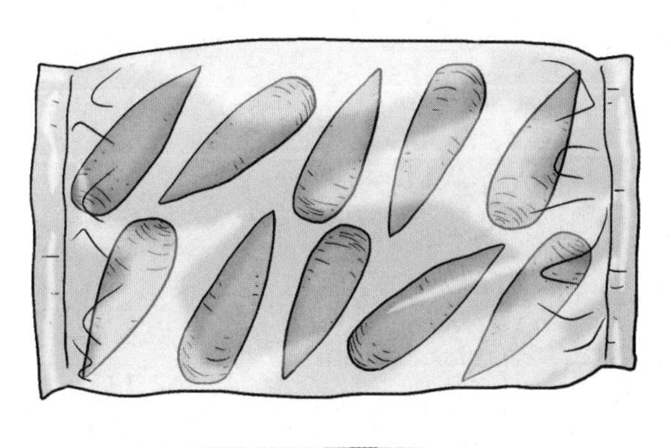

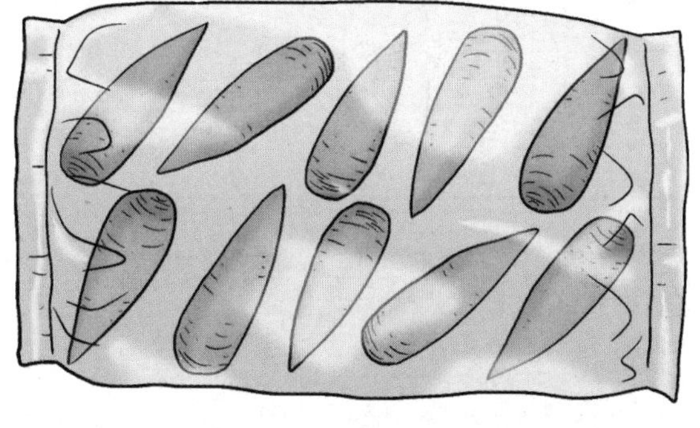

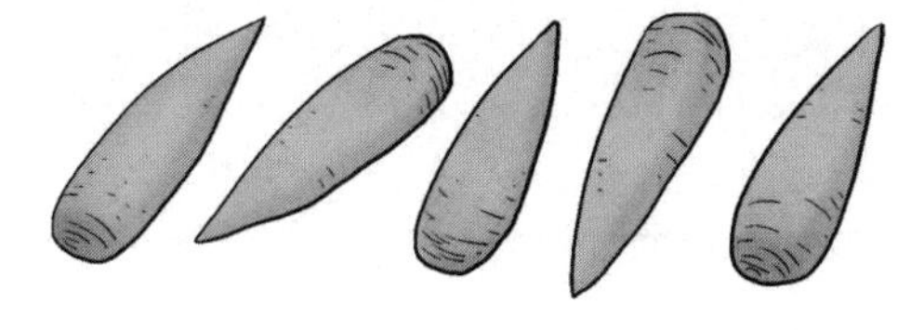

10개씩 묶음 수와 낱개의 수를 이용하여
당근의 수를 구하자.

 10개씩 묶음 2개와 낱개 5개 → ________ 개

STEP 1 { 문제 해결력 기르기 }

1 모으기 하여 10이 되는 수 구하기

선행 문제 해결 전략

• 10 모으기

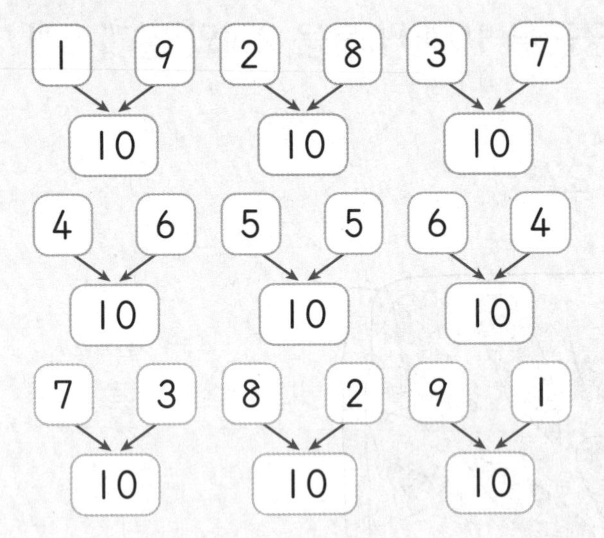

• 모으기 하여 10이 되는 두 수

10	1	2	3	4	5	6	7	8	9
	9	8	7	6	5	4	3	2	1

선행 문제 1

빈칸에 알맞은 수를 써넣으세요.

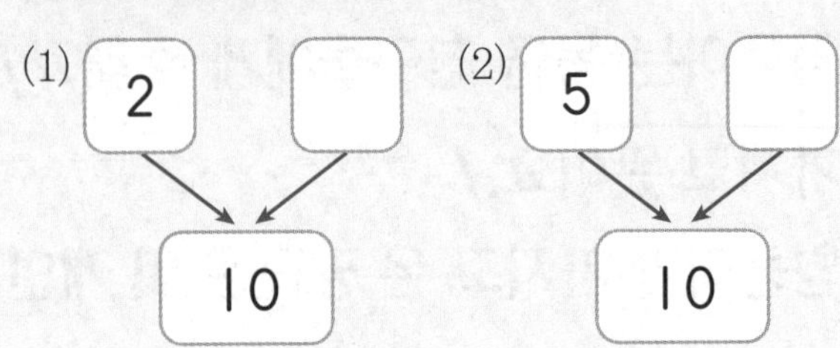

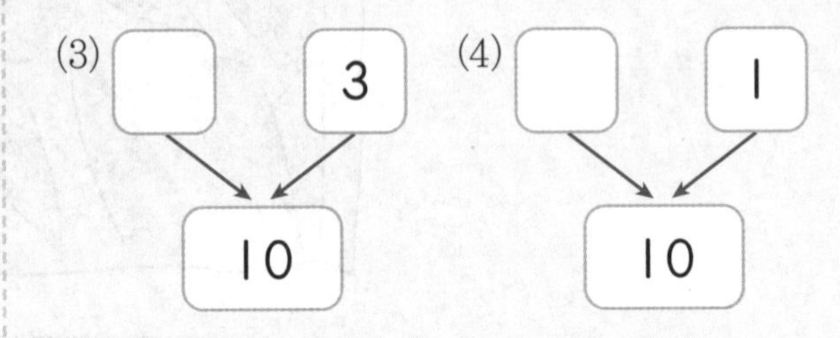

실행 문제 1

●에 알맞은 수를 구해 보세요.

6과 ●를 모으기 하면 10이 됩니다.

전략 6이 10이 되려면 몇만큼 더 필요한지 알아보자.

❶ 빈칸에 알맞은 수 써넣기 :

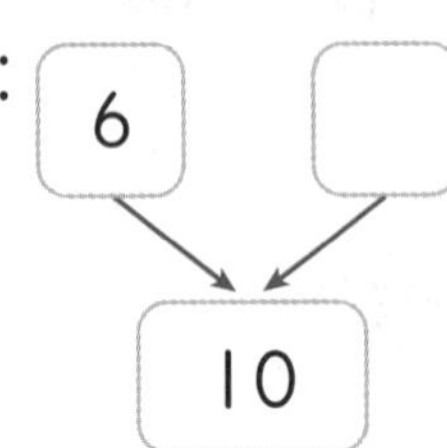

❷ ●에 알맞은 수 :

답

2 순서를 생각하여 알맞은 수 구하기

선행 문제 해결 전략

수를 순서대로 썼을 때
바로 앞의 수는 1만큼 더 작은 수,
바로 뒤의 수는 1만큼 더 큰 수이다.

예 26보다 1만큼 더 작은 수, 1만큼 더 큰 수 구하기

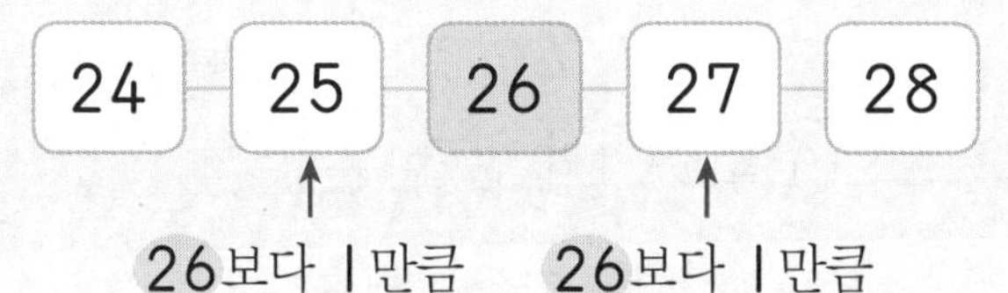

26보다 1만큼 더 작은 수 / 26보다 1만큼 더 큰 수

(1) 26보다 **1만큼 더 작은 수**는
26 **바로 앞의 수**인 25이다.

(2) 26보다 **1만큼 더 큰 수**는
26 **바로 뒤의 수**인 27이다.

선행 문제 2

빈칸에 알맞은 수를 써넣으세요.

(1)
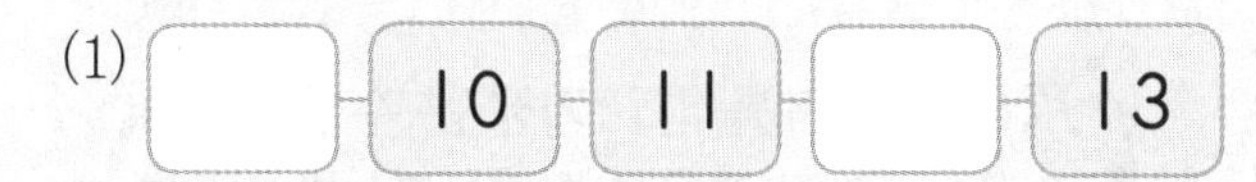

풀이 10보다 1만큼 더 작은 수: □

11보다 1만큼 더 큰 수: □

(2)
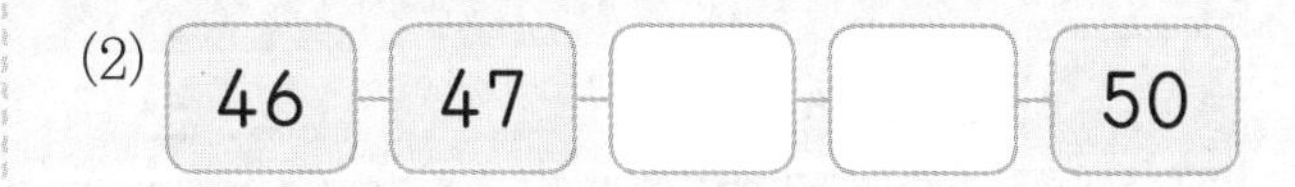

풀이 47보다 1만큼 더 큰 수: □

50보다 1만큼 더 작은 수: □

실행 문제 2

수의 순서를 생각하여 ㉠과 ㉡에 알맞은 수를 각각 구해 보세요.

1	2	3	4			㉠
8	9	10		㉡		

❶ 오른쪽으로 1칸 갈 때마다 □ 만큼씩 커짐.

전략 4 다음 수부터 순서대로 수를 써넣어 ㉠에 알맞은 수를 구해 보자.

❷
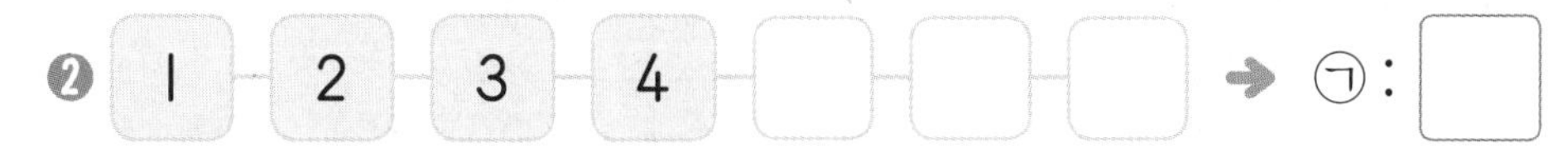

→ ㉠: □

전략 10 다음 수부터 순서대로 수를 써넣어 ㉡에 알맞은 수를 구해 보자.

❸ 8 - 9 - 10 - □ - □ → ㉡: □

답 ㉠: ______, ㉡: ______

③ 세 수의 크기 비교하기

선행 문제 해결 전략

• 세 수의 크기 비교의 활용

문제를 읽고 가장 큰 수를 찾을지, 가장 작은 수를 찾을지 생각해 봐.

가장 많이, 점수가 **가장 많은,** 나이가 **가장 많은** ➜ 가장 큰 수

가장 적게, 점수가 **가장 적은,** 나이가 **가장 적은** ➜ 가장 작은 수

참고 세 수의 크기 비교하기
① 10개씩 묶음을 나타낸 수를 비교한다.
② 10개씩 묶음을 나타낸 수가 같으면 낱개로 나타낸 수를 비교한다.

선행 문제 3

문제를 풀려면 가장 큰 수와 가장 작은 수 중 어느 것을 구해야 하는지 ○표 하세요.

(1) 자 38개, 풀 37개, 수첩 49개가 있습니다. 자, 풀, 수첩 중 가장 많은 것을 구하려고 합니다.

➜ 38, 37, 49 중 가장 (큰 , 작은) 수를 찾아야 한다.

(2) 땅콩 25개, 호두 27개, 잣 31개가 있습니다. 땅콩, 호두, 잣 중 가장 적은 것을 구하려고 합니다.

➜ 25, 27, 31 중 가장 (큰 , 작은) 수를 찾아야 한다.

실행 문제 3

땅콩을 은호는 25개, 경민이는 21개, 영주는 11개 먹었습니다./
땅콩을 가장 많이 먹은 사람은 누구인지 이름을 써 보세요.

❶ 가장 많이 먹은 사람을 구하려면 25, 21, 11 중 가장 (큰 , 작은) 수를 찾아야 한다.

전략 세 수의 크기를 비교해 보자.

❷ 25, 21, 11의 크기 비교하기 ➜ ☐ > ☐ > ☐

❸ 가장 많이 먹은 사람 : ☐

답 ____________

4 만들 수 있는 모양의 개수 구하기

선행 문제 해결 전략

• 몇십 알아보기

10개씩 묶음 2개	20
10개씩 묶음 3개	30
10개씩 묶음 4개	40
10개씩 묶음 5개	50

• 30은 10개씩 묶음 몇 개인지 알아보기

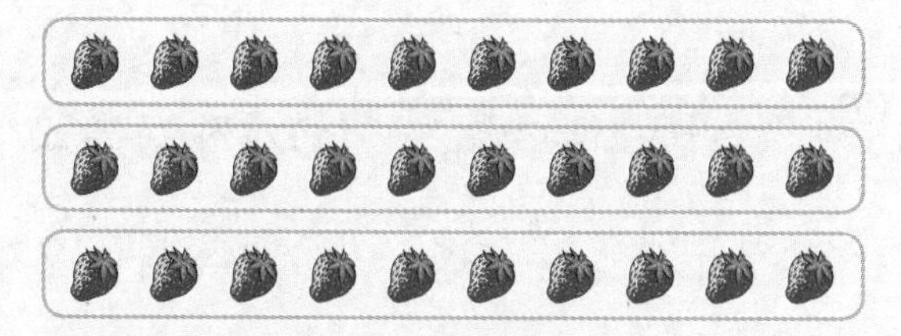

10개씩 묶음 3개를 **30**이라고 한다.
➔ **30**은 **10개씩 묶음 3개**이다.

선행 문제 4

☐ 안에 알맞은 수를 구해 보세요.

40은 10개씩 묶음 ☐개입니다.

풀이 40을 10개씩 묶어 보면

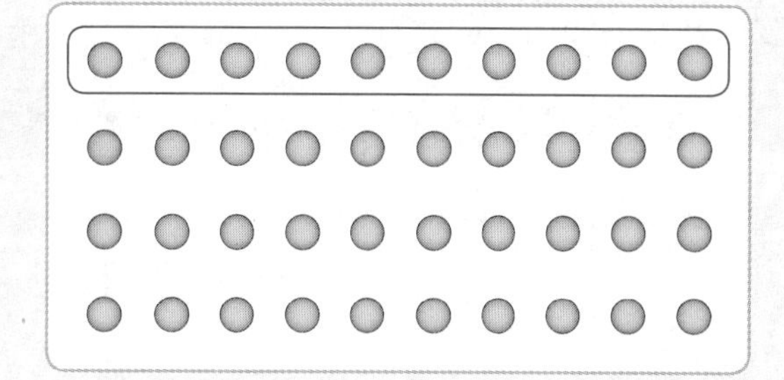

➔ 40은 10개씩 묶음 ☐개이다.

실행 문제 4

▢ 모양의 블록 10개로 비행기 모양을 1개 만들 수 있습니다./
은서가 가지고 있는 블록으로 비행기 모양을 몇 개 만들 수 있나요?

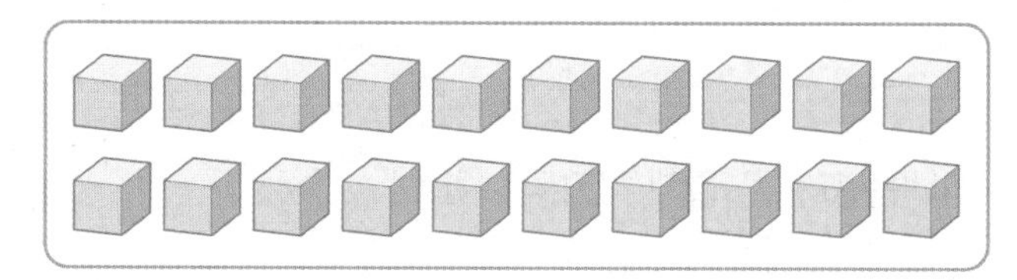

내가 가지고 있는 블록이야.

전략 블록을 10개씩 묶어 보자.

❶ 은서가 가지고 있는 ▢ 모양의 블록 : 10개씩 묶음 ☐개

전략 블록이 10개씩 묶음 ■개 있으면 비행기 모양을 ■개 만들 수 있다.

❷ 만들 수 있는 비행기 모양 : ☐개

답

5 묶음의 수 이용하기

선행 문제 해결 전략

10개씩 묶음의 개수를 비교해서 더 만들어야 하는 수를 구해~

예 종이학을 10개씩 묶음 5개 만들려고 한다. 지금까지 만든 종이학이 10개씩 묶음 1개일 때 더 만들어야 하는 종이학의 10개씩 묶음의 수 구하기

만들려는 종이학	10개씩 묶음 **5**개
지금까지 만든 종이학	10개씩 묶음 **1**개

더 만들어야 하는 종이학	10개씩 묶음 **4**개

선행 문제 5

더 만들어야 하는 10개씩 묶음의 수를 구해 보세요.

(1)

만들려는 상자	10개씩 묶음 3개
지금까지 만든 상자	10개씩 묶음 2개

풀이 더 만들어야 하는 상자 :

10개씩 묶음 3−2=□(개)

(2)

만들려는 빵	10개씩 묶음 4개
지금까지 만든 빵	10개씩 묶음 2개

풀이 더 만들어야 하는 빵 :

10개씩 묶음 4−2=□(개)

실행 문제 5

만두를 50개 만들려고 합니다./
지금까지 만든 만두는 10개씩 묶음 4개일 때/
10개씩 묶음 몇 개를 더 만들어야 하나요?

전략 50을 '10개씩 묶음 몇 개'로 바꾸어 수를 나타내는 표현을 같게 하자.

❶ 만들려는 만두 50개 ➔ 10개씩 묶음 □개

❷ 지금까지 만든 만두 : 10개씩 묶음 □개

전략 10개씩 묶음의 수끼리 빼자.

❸ 더 만들어야 하는 만두 : 10개씩 묶음 5−□=□(개)

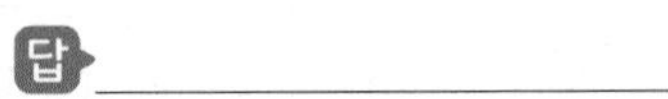
답 ____________

6 설명을 모두 만족하는 수 구하기

선행 문제 해결 전략

설명을 읽고 조건을 만족하는 수를 구하자.

예 12보다 크고 15보다 작은 수 구하기

① **12보다 큰 수**:
13, 14, 15, 16, 17……

② ①에서 구한 수 중 **15보다 작은 수**:
13, 14

➔ 12보다 크고 15보다 작은 수:
13, 14

주의

12보다 큰 수에 **12**는 들어가지 않고, **15**보다 작은 수에 **15**는 들어가지 않는다.

선행 문제 6

설명하는 수를 구해 보세요.

(1) 23보다 크고 25보다 작은 수

풀이 23보다 큰 수를 차례로 쓰기:

24, ☐, ☐……

이 중 25보다 작은 수: ☐

(2) 38보다 크고 40보다 작은 수

풀이 38보다 큰 수를 차례로 쓰기:

39, ☐, ☐……

이 중 40보다 작은 수: ☐

실행 문제 6

설명을 모두 만족하는 수를 구해 보세요.

설명1 10개씩 묶음 3개와 낱개 2개인 수보다 큰 수
설명2 34보다 작은 수

전략 설명1 을 간단하게 나타내어 보자.

❶ 설명1 10개씩 묶음 3개와 낱개 2개인 수 보다 큰 수

||

☐ 보다 큰 수

❷ 설명1 을 만족하는 수를 차례로 쓰기: 33, ☐, ☐……

전략 34보다 작은 수에 34는 들어가지 않는다.

❸ 설명1 을 만족하는 수 중 34보다 작은 수: ☐

답 ________________

STEP 2

{ 수학 사고력 키우기 }

모으기 하여 10이 되는 수 구하기

연계학습 108쪽

대표 문제 1 ■에 알맞은 수를 구해 보세요.

■와 8을 모으기 하면 10이 됩니다.

구하려는 것은?

8과 모으기 하면 ☐이 되는 수

주어진 것은?

- 모으는 두 수: ■, ☐
- 두 수를 모으기 한 수: ☐

해결해 볼까?

❶ 오른쪽 빈칸에 알맞은 수를 써넣으면?

전략 80| 100| 되려면 몇만큼 더 필요한지 알아보자.

☐, 8 → 10

❷ ■에 알맞은 수는?

답 ________

쌍둥이 문제 1-1 ●에 알맞은 수를 구해 보세요.

●와 5를 모으기 하면 10이 됩니다.

대표 문제 따라 풀기

❶

❷

답 ________

순서를 생각하여 알맞은 수 구하기

연계학습 109쪽

대표 문제 2 순서를 생각하여 ■와 ▲에 알맞은 수를 각각 구해 보세요.

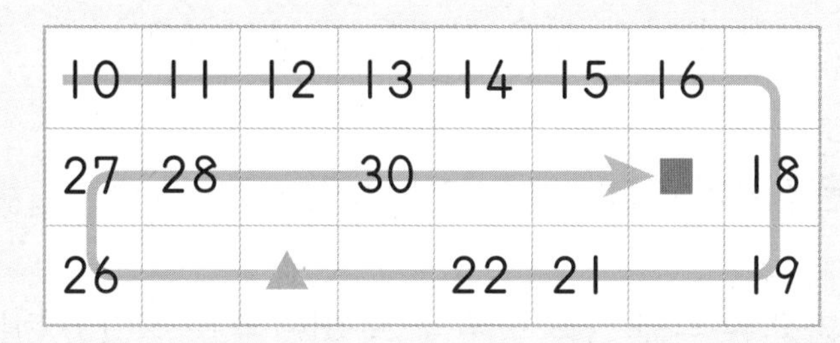

구하려는 것은?

■와 ☐에 알맞은 수

어떻게 풀까?

1 수가 쓰인 방향을 살펴보고 ▲는 22에서 몇 칸 간 수로 몇인지,
2 ■는 30에서 몇 칸 간 수로 몇인지 구하자.

해결해 볼까?

❶ ▲에 알맞은 수는?

전략 ▲는 22에서 수가 쓰인 방향으로 2칸 간 수이다.

답 ____________

❷ ■에 알맞은 수는?

전략 ■는 30에서 수가 쓰인 방향으로 3칸 간 수이다.

답 ____________

쌍둥이 문제 2-1 순서를 생각하여 ▼와 ★에 알맞은 수를 각각 구해 보세요.

26		24	23	22	21	20	19
27	★			39		37	36
28	29	30		▼			

대표 문제 따라 풀기

❶

❷

답 ▼: ____________, ★: ____________

세 수의 크기 비교하기

연계학습 110쪽

대표 문제 3

놀이를 하여 주리는 36점, 문규는 31점, 하은이는 40점을 받았습니다./
받은 점수가 가장 작은 사람은 누구인가요?

구하려는 것은?

받은 점수가 가장 ☐ 사람

어떻게 풀까?

1 가장 큰 수와 가장 작은 수 중 어떤 수를 찾아야 하는지 알고
2 세 수의 크기를 비교한 후,
3 받은 점수가 가장 작은 사람의 이름을 쓰자.

해결해 볼까?

❶ 알맞은 말에 ○표 하면?

받은 점수가 가장 작은 사람을 구하려면 가장 (큰 , 작은) 수를 찾아야 한다.

❷ 36, 31, 40의 크기를 비교하여 ☐ 안에 알맞은 수를 써넣으면?

☐ < ☐ < ☐

❸ 받은 점수가 가장 작은 사람의 이름을 쓰면?

전략 가장 작은 수가 가장 작은 점수이다.

답 ____________

쌍둥이 문제 3-1

어머니는 39살, 아버지는 42살, 이모는 38살입니다./
나이가 가장 적은 사람은 누구인가요?

대표 문제 따라 풀기

❶

❷

❸

답 ____________

만들 수 있는 모양의 개수 구하기

연계학습 111쪽

대표 문제 4

으로 [보기]의 모양을 몇 개 만들 수 있을까요?

[보기]

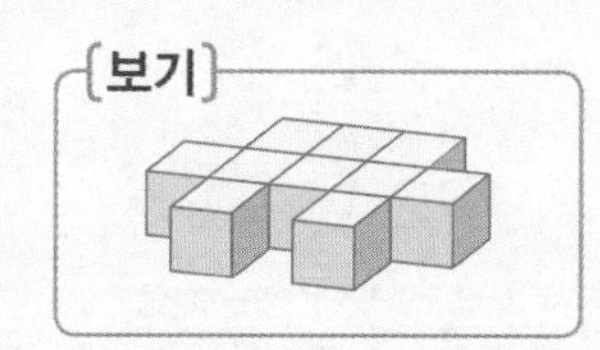

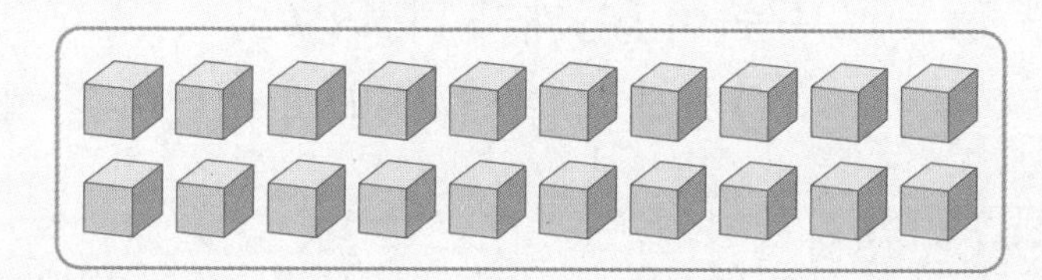

어떻게 풀까?

1 [보기]의 모양을 만드는 데 사용한 의 수를 구하고, 2 주어진 은 10개씩 묶음 몇 개인지 구한 후, 3 으로 [보기]의 모양을 몇 개 만들 수 있는지 구하자.

해결해 볼까?

❶ [보기]의 모양 1개를 만드는 데 필요한 은 몇 개?

답 ______

❷ 주어진 은 10개씩 묶음 몇 개?

전략 주어진 블록을 10개씩 묶어 보자.

답 ______

❸ 으로 만들 수 있는 [보기]의 모양은 몇 개?

전략 블록이 10개씩 묶음 ■개 있으면 만들 수 있는 [보기]의 모양은 ■개이다.

답 ______

쌍둥이 문제 4-1

으로 [보기]의 모양을 몇 개 만들 수 있을까요?

[보기]

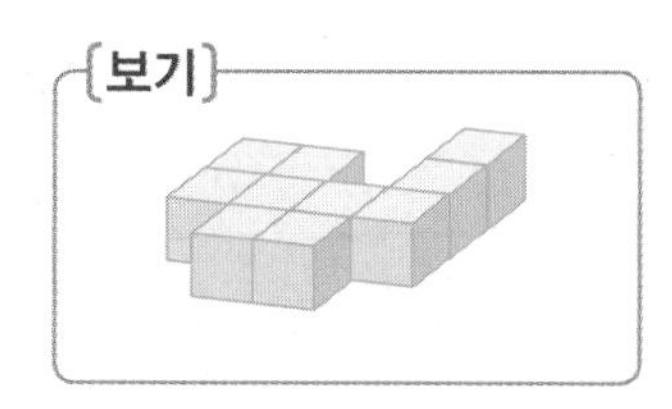

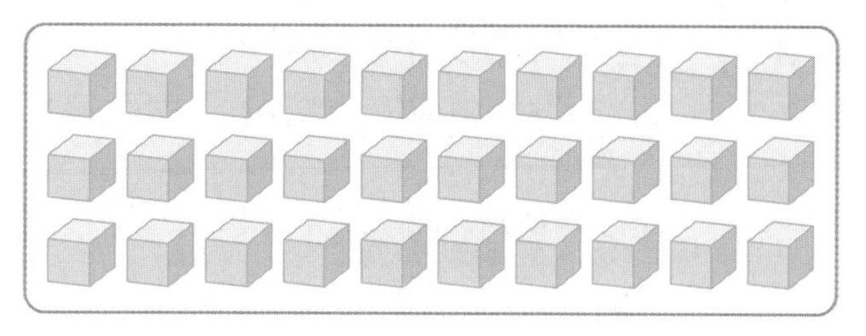

대표 문제 따라 풀기

❶

❷

❸

답 ______

5 50까지의 수

묶음의 수 이용하기

연계학습 112쪽

대표 문제 5 구슬이 10개씩 묶음 2개가 있습니다./
구슬이 50개가 되려면/
10개씩 묶음 몇 개가 더 있어야 할까요?

구하려는 것은?
구슬이 ☐개가 되려면 더 있어야 하는 구슬의 10개씩 묶음 수

주어진 것은?
지금 있는 구슬 : 10개씩 묶음 ☐개

어떻게 풀까?
1 구슬 50개를 10개씩 묶음 몇 개인지로 나타낸 후, 2 지금 있는 구슬의 10개씩 묶음 수를 빼어 더 있어야 하는 10개씩 묶음 수를 구하자.

해결해 볼까?
❶ 구슬 50개는 10개씩 묶음 몇 개?
전략 50을 '10개씩 묶음 몇 개'로 나타내자.
답 ______

❷ 더 있어야 하는 구슬은 10개씩 묶음 몇 개?
전략 10개씩 묶음의 수끼리 빼자.
답 ______

쌍둥이 문제 5-1
달걀이 한 판에 10개씩 3판 있습니다./
달걀이 50개가 되려면/
10개씩 몇 판 더 있어야 할까요?

대표 문제 따라 풀기
❶

❷

답 ______

설명을 모두 만족하는 수 구하기

연계학습 113쪽

대표 문제 6 설명을 모두 만족하는 수를 구해 보세요.

설명1 25보다 큰 수
설명2 10개씩 묶음 2개와 낱개 7개인 수보다 작은 수

어떻게 풀까? 1 25보다 큰 수를 구한 다음 2 10개씩 묶음 2개와 낱개 7개인 수를 구한 후, 3 25보다 크고 2에서 구한 수보다 작은 수를 찾자.

해결해 볼까?

❶ 25보다 큰 수를 차례로 쓰면?

전략 25보다 큰 수에 25는 들어가지 않는다.

답 26, ______, ______, ______ ……

❷ 설명2 를 간단하게 나타내면?

10개씩 묶음 2개와 낱개 7개인 수 보다 작은 수
||
☐ 보다 작은 수

❸ 25보다 큰 수 중 설명2 를 만족하는 수는?

전략 25보다 크고 ❷에서 구한 수보다 작은 수를 찾자.

답 ______

쌍둥이 문제 6-1

설명을 모두 만족하는 수를 모두 구해 보세요.

설명1 39와 43 사이에 있는 수
설명2 10개씩 묶음 4개와 낱개 2개인 수보다 작은 수

대표 문제 따라 풀기

❶

❷

❸

답 ______

수학 독해력 완성하기

순서를 생각하여 알맞은 수 구하기

연계학습 115쪽

독해 문제 1

버스에서 수지의 자리 번호는 32번입니다./
수지의 자리를 찾아 ○표 하세요.

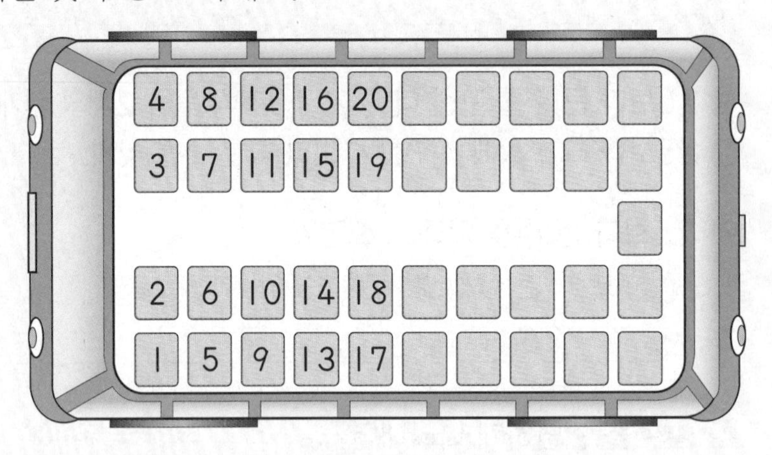

구하려는 것은? 수지의 자리

주어진 것은?
- 버스 자리의 번호
- 수지의 자리 번호

어떻게 풀까?
1 버스 자리의 번호 순서대로 빈칸을 채운 후,
2 수지의 자리를 찾아 ○표 하자.

해결해 볼까?

❶ 자리의 번호 순서에 맞게 의자의 빈칸에 알맞은 수를 써넣으세요.

❷ 수지의 자리를 찾아 ○표 하세요.

전략 ❶에서 쓴 수 중 32가 쓰인 자리를 찾자.

1만큼 더 큰 수 구하기

독해 문제 2

재희가 가진 쿠키는 다영이가 가진 쿠키보다 1개 더 많습니다./
재희가 가진 쿠키는 몇 개인가요?

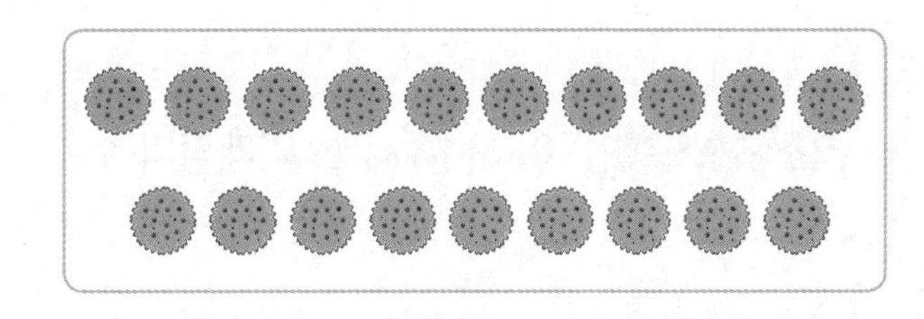

구하려는 것은? [ ]가 가진 쿠키의 수

주어진 것은?
- 다영이가 가진 쿠키
- 재희가 가진 쿠키는 다영이가 가진 쿠키보다 [ ]개 더 많음.

어떻게 풀까?
1 다영이가 가진 쿠키는 몇 개인지 세어 본 후,
2 1에서 구한 수보다 1만큼 더 큰 수를 구하여
3 재희가 가진 쿠키는 몇 개인지 구하자.

해결해 볼까?

❶ 다영이가 가진 쿠키는 몇 개?

답 ____________

❷ 다영이가 가진 쿠키의 수보다 1만큼 더 큰 수는?

전략 1만큼 더 큰 수 ➔ 바로 뒤의 수

답 ____________

❸ 재희가 가진 쿠키는 몇 개?

답 ____________

수학 독해력 완성하기

묶음의 수 이용하기

연계학습 118쪽

독해 문제 3

어머니께서 가래떡 10개씩 묶음 2개와 낱개 15개를 샀습니다./ 어머니께서 산 가래떡은 모두 몇 개인가요?

구하려는 것은? 어머니께서 산 가래떡의 수

주어진 것은? 어머니께서 산 가래떡 : 10개씩 묶음 □개와 낱개 □개

어떻게 풀까?
1 낱개 15개는 10개씩 묶음 몇 개와 낱개 몇 개인지 구한 후,
2 10개씩 묶음 2개와 함께 생각하여
3 어머니께서 산 가래떡은 모두 몇 개인지 구하자.

해결해 볼까?

❶ 낱개 15개는 10개씩 묶음 1개와 낱개 몇 개?

답 ____________

❷ □ 안에 알맞은 수를 써넣으면?

10개씩 묶음 2개
낱개 15개 = 10개씩 묶음 1개와 낱개 □개

➔ 10개씩 묶음 □개와 낱개 □개

❸ 어머니께서 산 가래떡은 모두 몇 개?

전략 10개씩 묶음 ■개와 낱개 ▲개 ➔ ■▲개

수 카드로 알맞은 수 구하기

독해 문제 4

세 장의 수 카드 중 2장을 뽑아/
한 번씩 사용하여 만들 수 있는 수 중/
30보다 크고 34보다 작은 수를 써 보세요.

[2] [3] [4]

구하려는 것은? 수 카드로 만들 수 있는 수 중 [ ]보다 크고 [ ]보다 작은 수

주어진 것은? 세 장의 수 카드 [2], [3], [4]

어떻게 풀까? 1 30보다 크고 34보다 작은 수는 10개씩 묶음을 나타낸 수가 몇이어야 하는지 구하고, 2 낱개로 나타낸 수가 0보다 크고 4보다 작은 수가 되게 하여 3 30보다 크고 34보다 작은 수를 만들자.

해결해 볼까?

❶ 30보다 크고 34보다 작은 수를 만들 때 10개씩 묶음을 나타낸 수가 될 수 있는 수는?

답 ______

❷ 수 카드를 사용하여 30보다 크고 34보다 작은 수를 만들 때 낱개로 나타낸 수가 될 수 있는 수는?

전략 ❶에서 사용한 수 카드는 제외하고, 0보다 크고 4보다 작은 수를 찾자.

답 ______

❸ 수 카드로 만들 수 있는 수 중 30보다 크고 34보다 작은 수는?

답 ______

STEP 4 창의·융합·코딩 체험하기

[창의 ①~②] 재성이네 가족은 캠핑장에 가져 가서 먹을 음식들을 샀습니다. 소시지와 마늘을 몇 개 샀는지 구해 보세요.

창의 1 재성이네 가족이 산 소시지입니다. 소시지는 몇 개인가요?

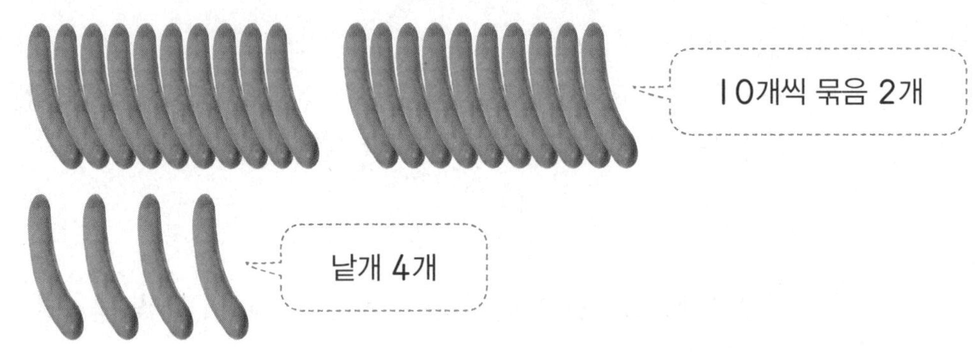

답 ____________

창의 2 재성이네 가족이 산 마늘입니다. 마늘은 몇 개인가요?

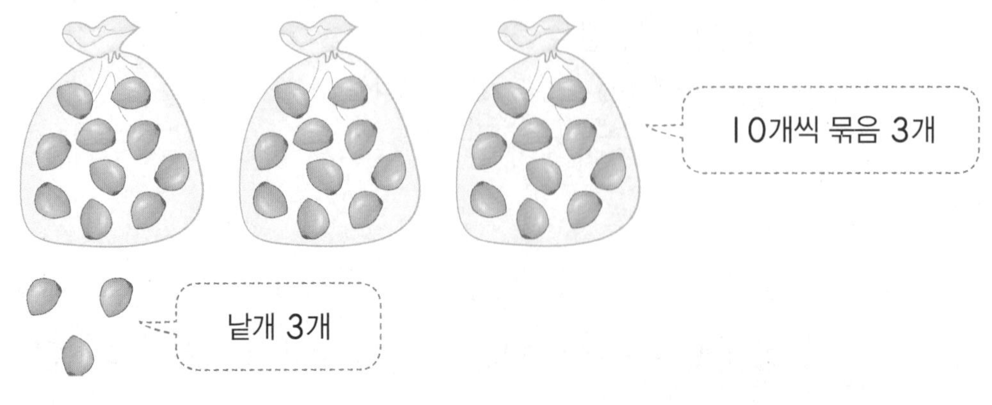

답 ____________

창의 3 수를 가르기 한 것입니다. ▲, ●에 알맞은 수를 각각 구해 보세요.

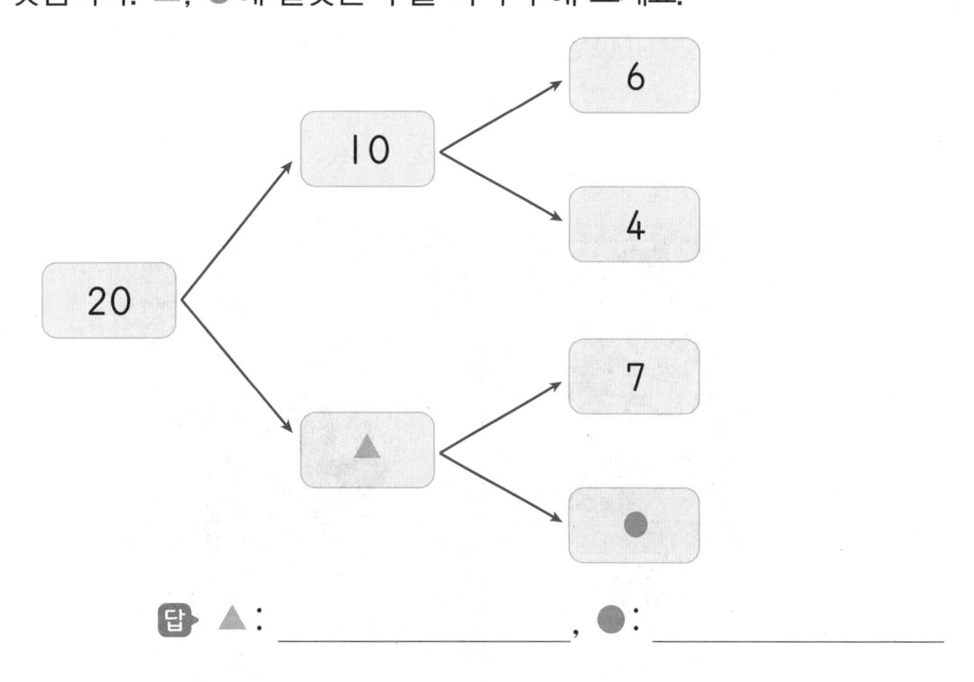

답 ▲: ____________, ●: ____________

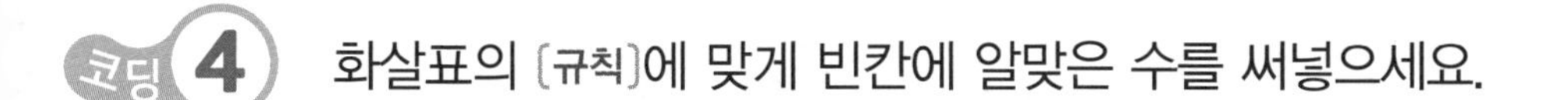

코딩 4 화살표의 [규칙]에 맞게 빈칸에 알맞은 수를 써넣으세요.

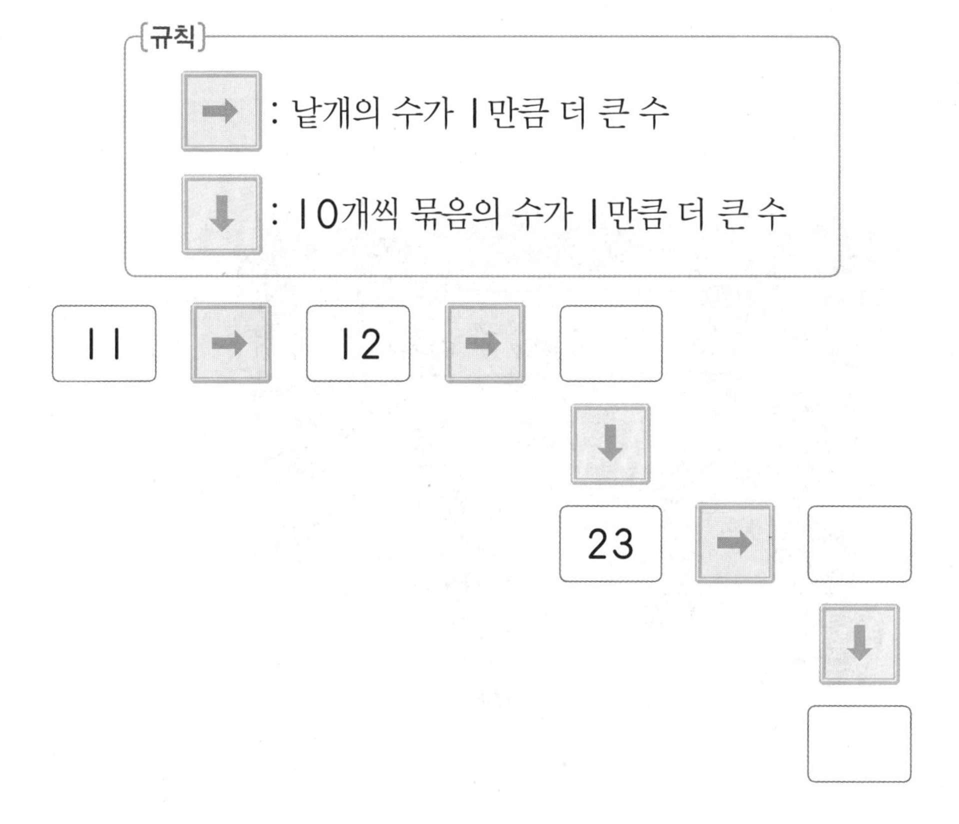

창의·융합·코딩 체험하기

[융합 5~6] 민지네 모둠과 성수네 모둠 학생들이 체육 시간에 10명씩 모이는 놀이를 하고 있습니다. 10명씩 모였을 때 10명이 되지 않아 남는 학생은 몇 명인지 구해 보세요.

민지네 모둠

답 ____________

성수네 모둠

답 ____________

25보다 큰 수를 모두 찾아 색칠하려고 합니다. 색칠했을 때 생기는 글자 모양을 써 보세요.

27	50	28	30
25	19	24	32
20	14	10	46
15	23	21	41

답 ____________

'시작'에 48을 넣었을 때 '끝'에 나오는 수를 구해 보세요.

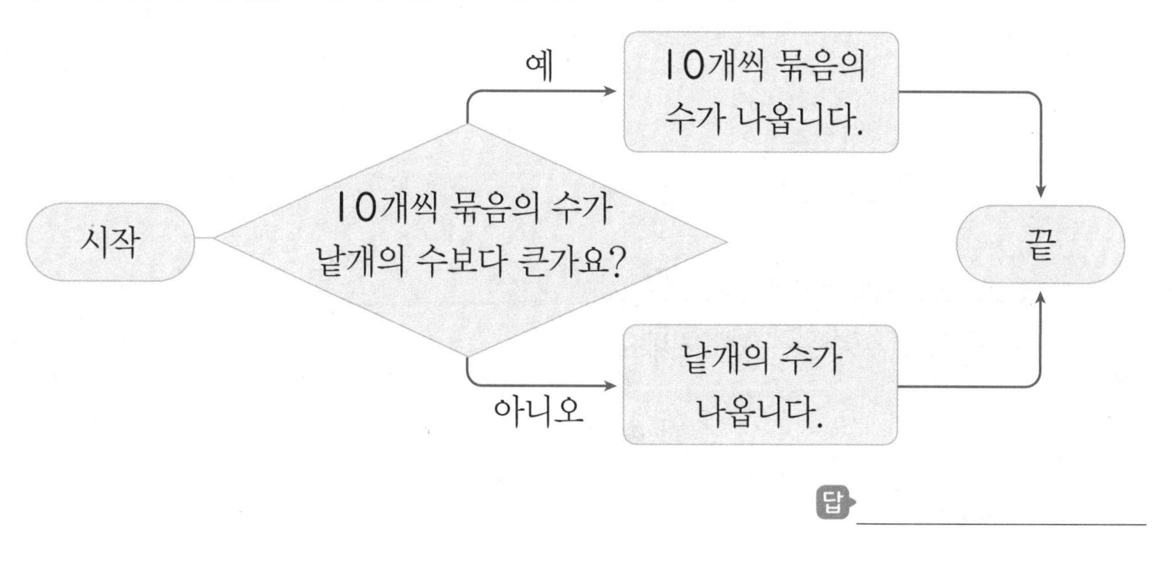

답 ____________

실전 마무리 하기

맞힌 문제 수

개 / 10개

상황에 맞게 수 읽기

1 다음을 보고 밑줄 친 ㉠과 ㉡은 각각 어떻게 읽어야 하는지 써 보세요.

수효는 친구 10명에게 줄 크리스마스 선물을 10일 전에 샀습니다.
㉠ ㉡

답 ㉠ : ____________, ㉡ : ____________

십몇 알아보기

2 오른쪽 모양을 만드는 데 사용한 블록은 몇 개인가요?

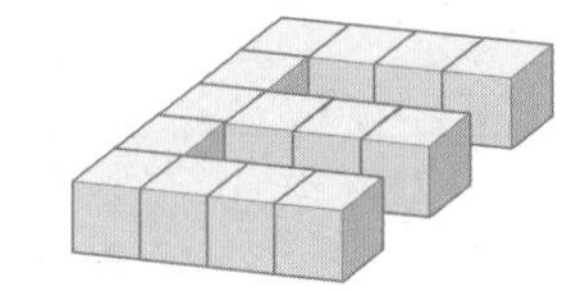

풀이

답 ____________

모으기 하여 10이 되는 수 구하기 114쪽

3 ●에 알맞은 수를 구해 보세요.

7과 ●(을)를 모으기 하면 10이 됩니다.

풀이

답 ____________

1만큼 더 큰 수 구하기 121쪽

4 준호가 먹은 아몬드는 [보기]의 아몬드의 수보다 1개 더 많습니다. 준호가 먹은 아몬드는 몇 개인가요?

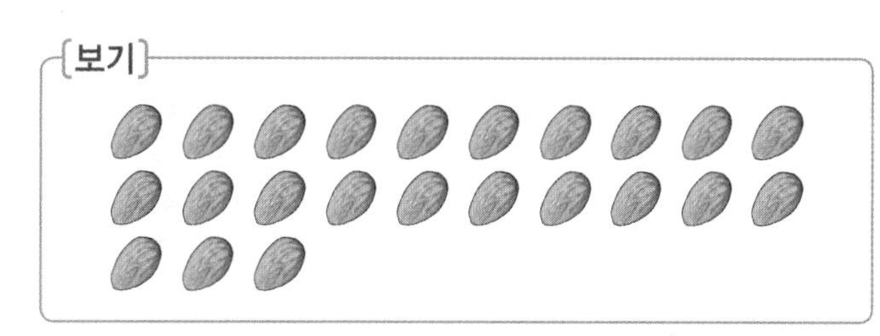

풀이

답 ____________

순서를 생각하여 알맞은 수 구하기 115쪽

5 순서를 생각하여 ■와 ▲에 알맞은 수를 각각 구해 보세요.

15				29	28	27	26
16	33	34	35		■		25
17	18	19	20	21			▲

풀이

답 ▲: ____________, ■: ____________

세 수의 크기 비교하기 116쪽

6 사탕이 29개, 껌이 34개, 과자가 30개 있습니다. 가장 많은 것은 무엇인가요?

풀이

답 ____________

만들 수 있는 모양의 개수 구하기 117쪽

7 으로 [보기]의 모양을 몇 개 만들 수 있을까요?

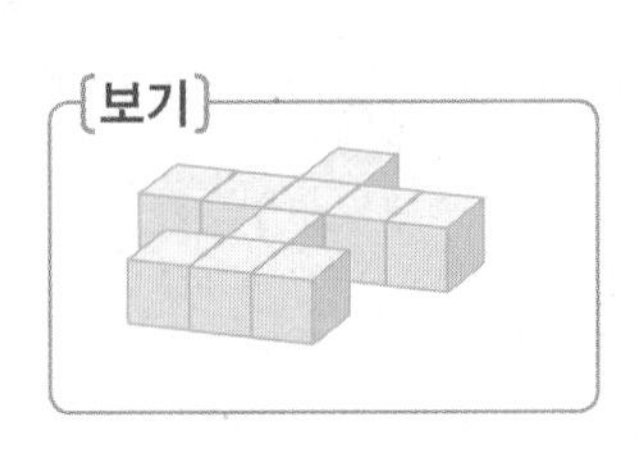

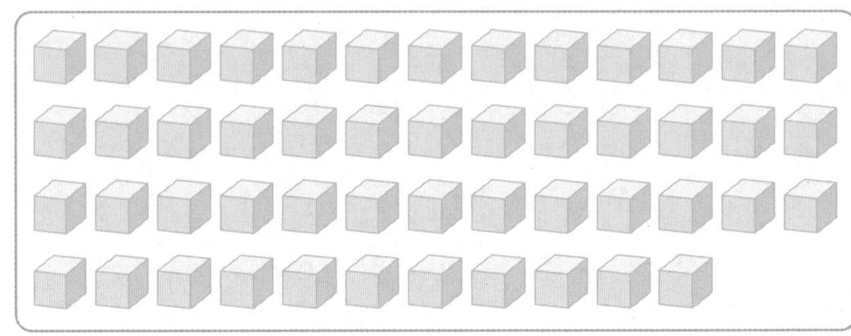

풀이

답 ____________

묶음의 수 이용하기 118쪽

8 어머니께서 지금까지 떡을 10개씩 묶음 1개 만들었습니다. 떡을 50개 만들려면 10개씩 묶음 몇 개를 더 만들어야 하나요?

풀이

답 ____________

묶음의 수 이용하기 122쪽

9 요구르트가 10개씩 묶음 3개와 낱개 12개 있습니다. 요구르트는 모두 몇 개인가요?

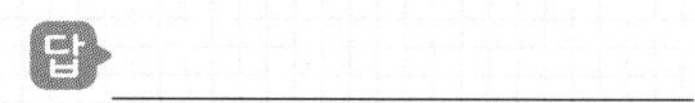

설명을 모두 만족하는 수 구하기 119쪽

10 설명을 모두 만족하는 수를 구해 보세요.

설명1 29보다 큰 수
설명2 10개씩 묶음 3개와 낱개 1개인 수보다 작은 수

답

MEMO

수학도
독해가
힘이다

수학도 독해가 힘이다

정답과 풀이

초등 수학 1-1

천재교육

정답과 풀이 포인트 3가지

▶ 혼자서도 이해할 수 있는 친절한 문제 풀이

▶ 문제 해결에 꼭 필요한 핵심 전략 제시

▶ 문제 분석과 쌍둥이 문제로 수학 독해력 완성

정답과 자세한 풀이

CONTENTS

빠른 정답

1 9까지의 수

STEP 1 문제 해결력 기르기 6~11쪽

선행 문제 1
(1) 다섯, 5 (2) 여섯, 일곱, 7

실행 문제 1
❶ 예 
❷ 3
답 3

선행 문제 2
(1) (앞) ○ ○ ○ ○ ○ ● ○ (뒤)
(2) (왼쪽) ○ ○ ○ ● ○ ○ (오른쪽)

실행 문제 2
❶ ○○○○○○○○
❷ ○○○●○○○○
❸ 다섯째
답 다섯째

선행 문제 3
(1) 8
(2) 2, 3

실행 문제 3
❶ 
❷ 거북, 원숭이
답 거북, 원숭이

선행 문제 4
(1) 6 (2) 5

실행 문제 4
❶ 8
❷ 큰에 ○표
❸ 9
답 9개

선행 문제 5
4, 6 / 6, 1

실행 문제 5
❶ 큰에 ○표 ❷ 7 ❸ 토끼
답 토끼

선행 문제 6
(1) 8, 9 (2) 3, 4

실행 문제 6
❶ 5, 6, 7, 8 ❷ 7, 8
답 7, 8

쌍둥이 문제 6-1
2, 3

STEP 2 수학 사고력 키우기 12~17쪽

대표 문제 1
❶ 예 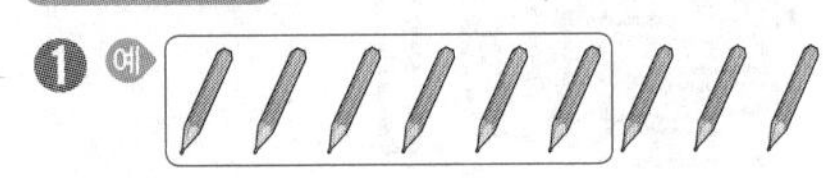
❷ 6
❸ 육, 여섯

쌍둥이 문제 1-1
삼, 셋

대표 문제 2
주 8
❶ ○○○○○○○○○
❷ ○○○○○●○○○
❸ 여섯째

쌍둥이 문제 2-1
셋째

대표 문제 3
구 6
❶ (그림)
❷ 연아, 정국, 지현

쌍둥이 문제 3-1
경훈, 정민

대표 문제 4
주 5, 1
❶ 많이에 ○표
❷ 6권

쌍둥이 문제 4-1
7개

대표 문제 5
❶ 작은에 ○표
❷ 4 ❸ 현우

쌍둥이 문제 5-1
우진

대표 문제 6
❶ 3, 5, 7, 8, 9
❷ 3, 5

쌍둥이 문제 6-1
6, 8

STEP 3 수학 독해력 완성하기 18~21쪽

독해 문제 1
주 셋째, 다섯째
❶ (앞) ○ ○ ●
❷ (앞) ○ ○ ● ○ ○ ○ ○ (뒤)
❸ 7명

독해 문제 2
❶ 0, 3, 4, 5, 7, 8
❷ 4, 5, 7, 8
❸ 4, 5 ❹ 4, 5

독해 문제 3
주 4, 6
❶ 5개 ❷ 6
❸ 소민

독해 문제 4
주 7, 4
❶ 1, 2, 3, 4, 5, 6
❷ 1, 2, 3
❸ 1, 2, 3

STEP 4 창의·융합·코딩 체험하기 22~25쪽

창의 1
넷째

코딩 2
7개

창의 3
8, 9

창의 4
노란색

창의 5

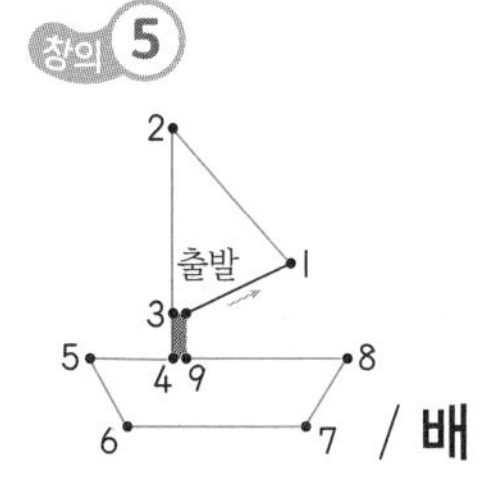

/ 배

융합 6
물티슈, 생수, 과자

융합 7
핸드볼

창의 8
7명

종합 평가 실전 마무리하기 26~29쪽

1 여섯
2 이, 둘
3 넷째
4 아동의류, 스포츠의류
5 4개
6 태형
7 5명
8 3, 4
9 석진
10 1, 2, 3, 4

2 여러 가지 모양

STEP 1 문제 해결력 기르기 32~37쪽

선행 문제 1
평평한에 ○표, 에 ○표

실행 문제 1
❶ 평평한에 ○표,
뾰족한에 ○표
❷ 에 ○표
❸ 다
답 다

선행 문제 2
평평한에 ○표, 에 ○표, ㉠

실행 문제 2
❶ ㉡, ㉢ ❷ ㉠
답 ㉠

쌍둥이 문제 2-1
㉢

선행 문제 3
둥근에 ○표, 에 ○표

실행 문제 3
❶ 가 : , 에 ○표
나 : , 에 ○표
다 : 에 ○표
❷ 다
답 다

선행 문제 4

실행 문제 4
❶ 에 ○표
❷ 가, 라
답 가, 라

실행 문제 5
❶ 가 나

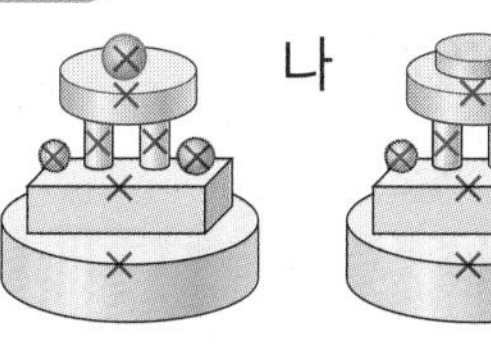

❷ 가
답 가

선행 문제 6
5

실행 문제 6
❶ 2, 6, 4
❷ ㉡
답 ㉡

쌍둥이 문제 6-1
㉢

STEP 2 수학 사고력 키우기 38~43쪽

대표 문제 1
❶ 둥근에 ○표
❷ 에 ○표
❸ 나, 라

쌍둥이 문제 1-1
가, 다

대표 문제 2
❶ , 에 ○표
❷ 예준

쌍둥이 문제 2-1
승연

대표 문제 3
❶ 가 : 에 ○표
나 : , 에 ○표
다 : 에 ○표
❷ 나

쌍둥이 문제 3-1
강훈

대표 문제 4

주 굴러가는

❶ 에 ○표

❷ 3개

쌍둥이 문제 4-1

2개

대표 문제 5

❶ 지현 동수

❷ 지현

쌍둥이 문제 5-1

영희

대표 문제 6

❶ 2, 6, 4

❷ ㉠

쌍둥이 문제 6-1

㉡, ㉢

STEP 3 수학 독해력 완성하기 44~47쪽

독해 문제 1

❶

왼쪽 모양	오른쪽 모양
(, ,)	(, ,)

❷ 나

독해 문제 2

❶ 에 ○표 ❷ 4개

독해 문제 3

❶ (위에서부터) 4개, 6개, 2개 / 3개, 6개, 2개

❷ 모양, 1개

독해 문제 4

주 1

❶ 5개 ❷ 6개

STEP 4 창의·융합·코딩 체험하기 48~51쪽

융합 1

통조림 캔, 유리컵

창의 2

에 ○표

창의 3

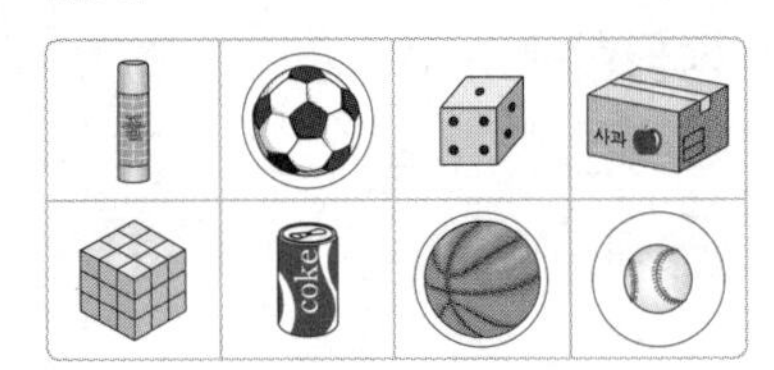

창의 4

2, 4, 2

창의 5

에 ○표, 에 ○표

코딩 6

에 ○표

창의 7

㉡

코딩 8

4개

종합 평가 실전 마무리하기 52~55쪽

1 에 ○표

2 나, 다

3 에 ○표

4 가

5 나, 마

6 ㉠

7 다

8 5개

9 모양, 1개

10 7개

3 덧셈과 뺄셈

STEP 1 문제 해결력 기르기 58~63쪽

선행 문제 1

(1) 8 (2) 3

실행 문제 1

❶ 7 ❷ 7

답 7개

선행 문제 2

(1) 커졌다에 ○표

(2) 작아졌다에 ○표

실행 문제 2

❶ 커졌다에 ○표

❷ +

답 +

쌍둥이 문제 2-1

−

선행 문제 3

(1) 3, 7

(2) 3, 5

실행 문제 3

❶ 덧셈식에 ○표

❷ +, 8

답 8명

쌍둥이 문제 3-1

5개

선행 문제 4

(1) 1, 3

(2) 2, 4

실행 문제 4

❶ 뺄셈식에 ○표

❷ −, 2

답 2명

쌍둥이 문제 4-1

4자루

선행 문제 5

(1) 1, 4, 9 / 9, 1

(2) 3, 6, 8 / 8, 3

실행 문제 5

❶ 2, 3, 5 ❷ 5, 2

❸ 5, 2, 7

답 7

선행 문제 6

(1) 2, 1

(2) 5, 4, 3, 2, 1

실행 문제 6

❶ 2, 3, 4, 5

❷ 3 / 3

답 3개

대표 문제 1

구 오빠

주 8, 3

❶ 5 ❷ 5자루

쌍둥이 문제 1-1

6개

대표 문제 2

❶ 작아졌다에 ○표

❷ −

쌍둥이 문제 2-1

+

대표 문제 3

주 4, 5

❶ 덧셈식에 ○표

❷ 9마리

쌍둥이 문제 3-1

9마리

대표 문제 4

주 6, 4

❶ 뺄셈식에 ○표

❷ 2명

쌍둥이 문제 4-1

2개

대표 문제 5

구 차

❶ 1, 5, 9

❷ 9, 1 ❸ 8

쌍둥이 문제 5-1

9

대표 문제 6

구 연아

❶

연아	3	2	1
동생	1	2	3

❷ 3개

쌍둥이 문제 6-1

4개

STEP 3 수학 독해력 완성하기 70~73쪽

독해 문제 1

❶ 1+□=8

❷ 7 ❸ 7

독해 문제 2

❶ 2장

❷ 7+2=9

❸ 9장

독해 문제 3

❶ 6개 ❷ 3개

❸ 3개

독해 문제 4

❶ 7 ❷ 6

❸ 윤아

독해 문제 5

❶ 1, 3, 4, 5

❷ 5, 4

❸ 5, 4, 9

독해 문제 6

구 유리

주 7, 1

❶

유리	6	5	4	3	2	1
진호	1	2	3	4	5	6

❷ 1개 ❸ 4개

창의 1

7, 2, 5

융합 2

9인분

코딩 3

예 1, 7 / 2, 6

창의 4

(위에서부터) 6, 5, 4

코딩 5

9

융합 6

4+3=7, 7명

융합 7

6, 7, 동생

창의 8

6−2=4, 4대

종합 평가 실전 마무리하기 78~81쪽

1 ㉡

2 ㉡

3 3

4 2개

5 −

6 6대

7 6

8 5송이

9 윤재

10 4개

4 비교하기

STEP 1 문제 해결력 기르기 84 ~ 89쪽

선행 문제 1

(1) (　　)
　 (○)

(2) (○) (　　)

실행 문제 1

❶ 색연필

머리핀

가위

❷ 가위

답 가위

선행 문제 2

(1) 물의 높이에 ○표

(2) 그릇의 크기에 ○표

실행 문제 2

❶ 같다에 ○표 ❷ ㉡

답 ㉡

쌍둥이 문제 2-1

❶ 같다에 ○표

❷ ㉡

답 ㉡

선행 문제 3

(1) (　　) (○) /
무겁다에 ○표

(2) (○) (　　) /
무겁다에 ○표

실행 문제 3

❶ 적게에 ○표 ❷ ㉡

답 ㉡

선행 문제 4

(1) 선우

(2) 유리

실행 문제 4

❶ 나, 가

❷ 다, 나

❸ 다, 나, 가 / 가

답 가

선행 문제 5

(1) (　　) (○) /
작은에 ○표

(2) (　　) (○) /
큰에 ○표

실행 문제 5

❶ 작아야에 ○표

❷ 나

답 나

선행 문제 6

(1) 예

(2) 예

실행 문제 6

❶ 예

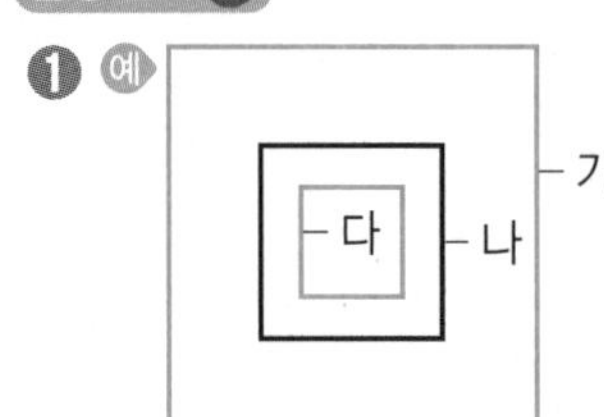

❷ 가

답 가

STEP 2 수학 사고력 키우기 90 ~ 95쪽

대표 문제 1

❶ 짧다

❷ 길다

❸ ㉡

쌍둥이 문제 1-1

㉡

대표 문제 2

구 많이

❶ 같다에 ○표

❷ ㉡

쌍둥이 문제 2-1

㉠

대표 문제 3

구 나

❶ 가장 많이에 ○표

❷ ㉡

쌍둥이 문제 3-1

동생

대표 문제 4

구 무거운

❶ 현수, 준서

❷ 은주, 현수

❸ 준서, 현수, 은주

쌍둥이 문제 4-1

지호, 해안, 경운

대표 문제 5

구 빨리

주 3 / 2, 1

❶ 가

❷ 가

쌍둥이 문제 5-1

나

대표 문제 6

구 넓은

❶, ❷ 예

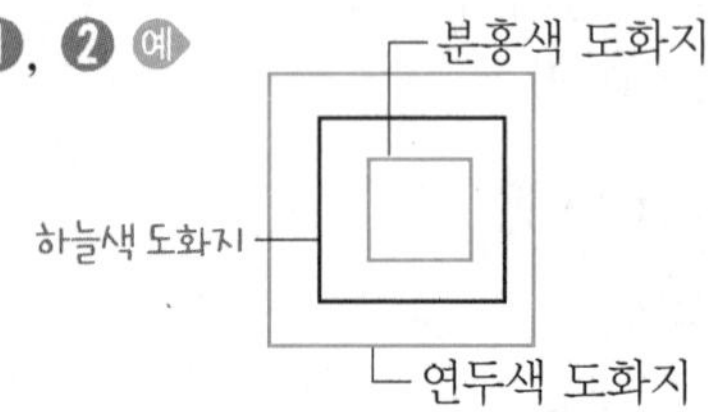

❸ 연두색

쌍둥이 문제 6-1

색종이

STEP 3 수학 독해력 완성하기 96~97쪽

독해 문제 1

❶, ❷
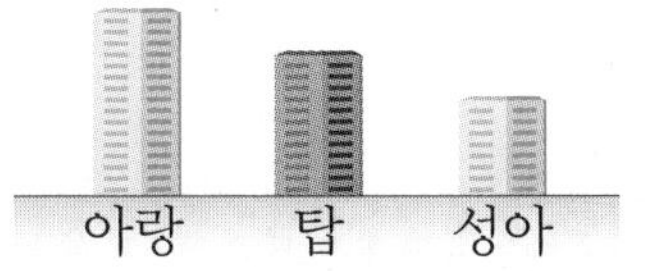

❸ 성아 빌딩, 탑 빌딩, 아랑 빌딩

독해 문제 2

구 큰
주 7 / 4
❶ 적다
❷ 나 컵
❸ 나 컵

STEP 4 창의·융합·코딩 체험하기 98~101쪽

융합 1
청소기, 세탁기

융합 2
㉠, ㉤

창의 3
㉠

코딩 4
㉠, ㉡

창의 5
㉡, 8

코딩 6
곰, 곰, 강아지, 거북, 곰, 거북

창의 7
고추, 감자, 고구마, 가지, 오이

창의 8
예 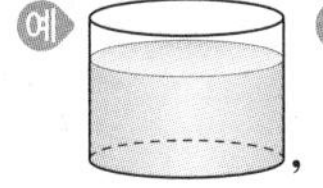, 예 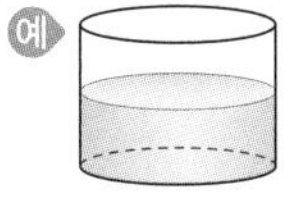

종합 평가 실전 마무리하기 102~105쪽

1 ㉠
2 ㉠
3 ㉡
4 리코더
5 ㉡
6 인하
7 가
8 ㉢
9 ㉡
10 꽃밭

5 50까지의 수

STEP 1 문제 해결력 기르기 108~113쪽

선행 문제 1
(1) 8
(2) 5
(3) 7
(4) 9

실행 문제 1
❶ 4
❷ 4
답 4

선행 문제 2
(1) 9, 12 / 9, 12
(2) 48, 49 / 48, 49

실행 문제 2
❶ 1
❷ 5, 6, 7 / 7
❸ 11, 12 / 12
답 7, 12

선행 문제 3
(1) 큰에 ○표
(2) 작은에 ○표

실행 문제 3
❶ 큰에 ○표
❷ 25, 21, 11
❸ 은호
답 은호

선행 문제 4
예 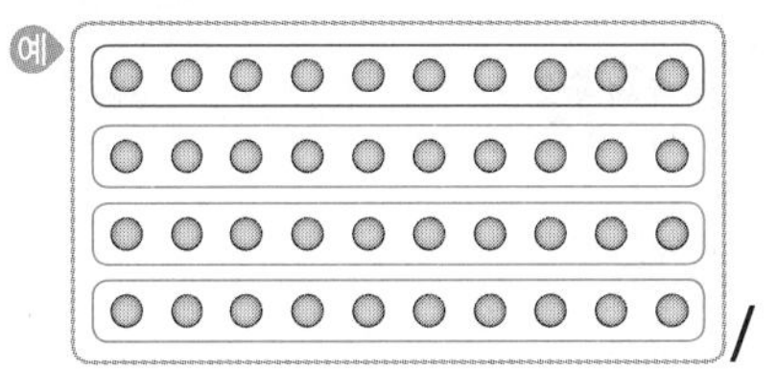 /
4

실행 문제 4
❶ 2
❷ 2
답 2개

선행 문제 5
(1) 1
(2) 2

실행 문제 5
❶ 5
❷ 4
❸ 4, 1
답 1개

선행 문제 6
(1) 25, 26 / 24
(2) 40, 41 / 39

실행 문제 6
❶ 32
❷ 34, 35
❸ 33
답 33

STEP 2 수학 사고력 키우기 114~119쪽

대표 문제 1

구 10

주 8, 10

❶ 2

❷ 2

쌍둥이 문제 1-1

5

대표 문제 2

구 ▲

❶ 24

❷ 33

쌍둥이 문제 2-1

32, 42

대표 문제 3

구 작은

❶ 작은에 ○표

❷ 31, 36, 40

❸ 문규

쌍둥이 문제 3-1

이모

대표 문제 4

❶ 10개

❷ 2개

❸ 2개

쌍둥이 문제 4-1

3개

대표 문제 5

구 50

주 2

❶ 5개

❷ 3개

쌍둥이 문제 5-1

2판

대표 문제 6

❶ 27, 28, 29

❷ 27

❸ 26

쌍둥이 문제 6-1

40, 41

STEP 3 수학 독해력 완성하기 120~123쪽

독해 문제 1

❶, ❷

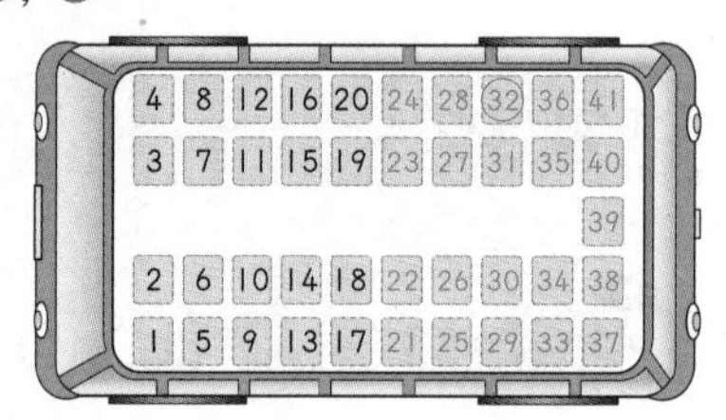

독해 문제 2

구 재희

주 1

❶ 19개

❷ 20

❸ 20개

독해 문제 3

주 2, 15

❶ 5개

❷ 5 /
3, 5

❸ 35개

독해 문제 4

구 30, 34

❶ 3

❷ 2

❸ 32

STEP 4 창의·융합·코딩 체험하기 124~127쪽

창의 1

24개

창의 2

33개

창의 3

10, 3

코딩 4

13, 24, 34

융합 5

3명

융합 6

1명

융합 7

ㄱ

코딩 8

8

종합 평가 실전 마무리하기 128~131쪽

1 열, 십

2 14개

3 3

4 24개

5 24, 37

6 껌

7 5개

8 4개

9 42개

10 30

정답과 자세한 풀이

1 9까지의 수

FUN 한 이야기 4~5쪽

셋, 3 / 3

STEP 1 문제 해결력 기르기 6~11쪽

선행 문제 1

(1) 다섯, 5

(2) 여섯, 일곱, 7

실행 문제 1

❶ 전략 6만큼 연필의 수를 세어 보자.

예

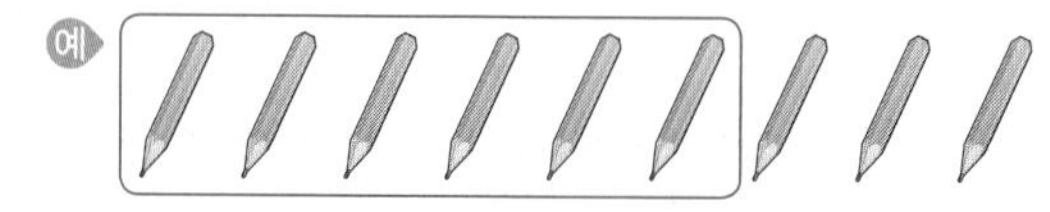

❷ 전략 ⬭로 묶지 않은 연필의 수를 세어 보자.

3

참고 묶은 연필을 빼고 묶지 않은 것을 세어 보면 하나, 둘, 셋이므로 3이다.

주의 묶은 연필의 수를 쓰지 않도록 주의한다.

답 3

선행 문제 2

(1) (앞) ○ ○ ○ ○ ○ ● ○ (뒤)

(2) (왼쪽) ○ ○ ○ ● ○ ○ (오른쪽)

실행 문제 2

❶ 전략 ○를 한 줄로 8개 그려 보자.

○ ○ ○ ○ ○ ○ ○ ○

❷ ○ ○ ○ ● ○ ○ ○ ○

참고 왼쪽에서 세어 넷째에 있는 ○에 색칠한다.

❸ 다섯째

참고 ❷에서 색칠한 ○는 오른쪽에서 세어 다섯째에 있다.

답 다섯째

선행 문제 3

(1) 8

(2) 2, 3

참고

(1) (왼쪽) 1 4 3 7 ⑤ 8 ⑥ 2 9 (오른쪽)

(2) (왼쪽) ① 2 3 ④ 5 6 7 8 9 (오른쪽)

실행 문제 3

❶

참고 출입문에서 가장 가까운 동물이 첫째이므로 다섯째에 있는 동물은 토끼이고, 여덟째에 있는 동물은 사자이다.

❷ 거북, 원숭이

참고 토끼와 사자 사이에 있는 동물은 거북과 원숭이이다.

답 거북, 원숭이

선행 문제 4

(1) 6

(2) 5

실행 문제 4

❶ 8

❷ 전략 1만큼 더 큰 수를 구할지, 1만큼 더 작은 수를 구할지 정하자.

큰에 ○표

참고 지민이가 정국이보다 1개 더 많으므로 8보다 1만큼 더 큰 수를 구한다.

❸ 9

참고 8보다 1만큼 더 큰 수는 8 바로 뒤의 수인 9이므로 지민이가 받은 사탕은 8개보다 1개 더 많은 9개이다.

답 9개

선행 문제 5

4, 6 / 6, 1

실행 문제 5

❶ 큰에 ○표

❷ 7

참고 수를 작은 수부터 순서대로 쓰면 4, 5, 7이므로 가장 큰 수는 7이다.

❸ 토끼

가장 큰 수가 7이므로 가장 많이 있는 동물은 토끼이다.

답 토끼

선행 문제 6

(1) 8, 9 (2) 3, 4

실행 문제 6

❶ 5, 6, 7, 8

참고 주어진 수를 작은 수부터 순서대로 쓰면 5부터 시작하여 5, 6, 7, 8이다.

❷ 7, 8

참고
6보다 큰 수
5 — ⑥ — 7 — 8
기준이 되는 수
6보다 오른쪽에 있는 수는 7, 8이다.

답 7, 8

쌍둥이 문제 6-1

❶ 주어진 수를 작은 수부터 순서대로 쓰기 :
2, 3, 4, 5

❷ 전략 ❶에서 4보다 왼쪽에 쓴 수를 찾자.
4보다 작은 수 : 2, 3

답 2, 3

수학 사고력 키우기 12~17쪽

대표 문제 1

해 ❶ 하나부터 넷까지 세고 묶는다.

답 예 

❷ 묶은 사과를 빼고 묶지 않은 것을 하나부터 세면 여섯이므로 6이다. 답 6

❸ 6은 육 또는 여섯이라고 읽는다.

답 육, 여섯

쌍둥이 문제 1-1

❶ 전략 7만큼 당근의 수를 세어 묶자.
7만큼 당근을 세어 ⬭로 묶기
예

❷ 전략 ⬭로 묶지 않은 당근의 수를 세어 보자.
묶지 않은 당근의 수 : 3

❸ 묶지 않은 당근의 수를 두 가지 방법으로 읽기 :
3은 삼 또는 셋이라고 읽는다.

답 삼, 셋

대표 문제 2

주 8

해 ❶ 원호와 친구 8명은 모두 9명이므로 ○를 9개 그려야 한다.

답 ○ ○ ○ ○ ○ ○ ○ ○ ○

❷ 답 ○ ○ ○ ○ ○ ● ○ ○ ○

❸ ❷에서 색칠한 곳은 왼쪽에서 여섯째에 있다.

답 여섯째

쌍둥이 문제 2-1

❶ 지민이와 친구 7명을 ○로 한 줄로 나타내기
○ ○ ○ ○ ○ ○ ○ ○

참고 지민이와 친구 7명은 모두 8명이므로 ○를 8개 그려야 한다.

❷ ❶의 그림에서 왼쪽에서 여섯째에 색칠하기
○ ○ ○ ○ ○ ● ○ ○

❸ ❷의 그림에서 지민이는 오른쪽에서 셋째에 서 있다.

답 셋째

대표 문제 3

구 6

해 ❶ 결승선에 가까울수록 높은 등수이므로 2등으로 달리고 있는 어린이는 지훈이고, 6등으로 달리고 있는 어린이는 남준이다.

답 

❷ 지훈이와 남준이 사이에 달리고 있는 어린이는 연아, 정국, 지현이다.

답 연아, 정국, 지현

쌍둥이 문제 3-1

❶ 전략 결승선에 가까울수록 1등, 2등……으로 달리고 있는 것이다.

그림에서 5등과 8등으로 달리고 있는 어린이에 각각 ○표 하기

❷ 전략 ❶에서 ○표 한 두 어린이 사이에 달리고 있는 어린이를 알아보자.

결승선에서 5등(소현)과 8등(연희) 사이에 달리고 있는 어린이 : 경훈, 정민

답 **경훈, 정민**

대표 문제 4

주 5, 1

해 ❶ 해준이가 민호보다 1권 더 적게 읽었으므로 거꾸로 생각하면 민호는 해준이보다 1권 더 많이 읽은 것이다.

답 **많이**에 ○표

❷ 5보다 1만큼 더 큰 수는 5 바로 뒤의 수인 6이므로 민호가 읽은 동화책은 5권보다 1권 더 많은 6권이다.

답 6권

쌍둥이 문제 4-1

❶ 윤호가 서현이보다 1개 더 많이 먹었으므로 서현이는 윤호보다 1개 더 적게 먹었다.

❷ 서현이가 먹은 딸기 수 : 7개

참고 8보다 1만큼 더 작은 수는 8 바로 앞의 수인 7이므로 서현이가 먹은 딸기는 8개보다 1개 더 적은 7개이다.

답 7개

대표 문제 5

해 ❶ 답 **작은**에 ○표

❷ 수를 작은 수부터 순서대로 쓰면 4, 7, 9이므로 가장 작은 수는 4이다.

답 4

❸ 가장 작은 수가 4이므로 딱지를 가장 적게 가지고 있는 어린이는 현우이다.

답 현우

쌍둥이 문제 5-1

❶ 전략 가장 큰 수를 찾을지, 가장 작은 수를 찾을지 정하자.

가장 많이 가지고 있는 어린이를 구해야 하므로 가장 큰 수를 찾는다.

❷ 3, 8, 6 중에서 가장 큰 수 : 8

참고 수를 작은 수부터 순서대로 쓰면 3, 6, 8이므로 가장 큰 수는 8이다.

❸ 사탕을 가장 많이 가지고 있는 어린이 : 우진

답 **우진**

쌍둥이 문제 5-2 정답에서 제공하는 **쌍둥이 문제**

구슬을 서희는 4개, 서준이는 8개, 성재는 2개 가지고 있습니다./

구슬을 가장 적게 가지고 있는 어린이는 누구인가요?

해 ❶ 가장 적게 가지고 있는 어린이를 구해야 하므로 가장 작은 수를 찾는다.

❷ 4, 8, 2 중에서 가장 작은 수 : 2

❸ 구슬을 가장 적게 가지고 있는 어린이 : 성재

답 **성재**

대표 문제 6

해 ❶ 주어진 수들을 작은 수부터 순서대로 쓰면 3부터 시작하여 3, 5, 7, 8, 9이다.

답 3, 5, 7, 8, 9

❷ 7보다 작은 수는 7보다 왼쪽에 있는 수이므로 3, 5이다.

답 3, 5

쌍둥이 문제 6-1

❶ 전략 1부터 시작하는 수의 순서를 생각해 보자.

수를 작은 수부터 순서대로 쓰기 : 1, 4, 5, 6, 8

❷ 전략 ❶에서 5보다 오른쪽에 있는 수가 큰 수이다.

5보다 큰 수 : 6, 8

답 6, 8

쌍둥이 문제 | 6-2 정답에서 제공하는 쌍둥이 문제

6보다 작은 수를 모두 찾아 써 보세요.

9 3 7 6 1

해 ❶ 수를 작은 수부터 순서대로 쓰기 :
1, 3, 6, 7, 9
❷ 6보다 작은 수 : 1, 3

답 1, 3

STEP 3 수학 독해력 완성하기 18~21쪽

독해 문제 | 1

주 셋째, 다섯째

해 ❶ 앞에서 첫째, 둘째, 셋째를 세어 가며 ○로 나타낸다.

답 (앞) ○ ○ ●

❷ ❶의 수현이의 순서까지 뒤에서 첫째, 둘째 ……다섯째를 세어 가며 ○로 나타낸다.

답 (앞) ○ ○ ● ○ ○ ○ ○ (뒤)

❷ 전략 (❶, ❷에서 나타낸 ○의 수) =(줄을 선 전체 학생 수)
○를 세어 보면 모두 7개이고 ○의 수가 줄을 선 전체 학생 수이므로 모두 7명이다.

답 7명

독해 문제 | 1-1 정답에서 제공하는 쌍둥이 문제

학생들이 놀이기구를 타려고 한 줄로 서 있습니다./ 성재는 앞에서 둘째, 뒤에서 여섯째에 서 있습니다./ 줄을 선 학생은 모두 몇 명인가요?

구 줄을 선 전체 학생 수
주 • 성재는 앞에서 둘째
• 성재는 뒤에서 여섯째
어 1 앞에서 둘째에 있는 성재의 순서를 ○로 나타내고,
2 1의 성재의 순서까지 뒤에서 여섯째를 이어서 나타낸 후,
3 ○의 수를 세어 줄을 선 전체 학생 수를 구하자.
해 ❶ 앞에서 둘째에 있는 성재의 순서를 ○로 나타내기 : (앞) ○ ●
❷ ❶에 이어 뒤에서 여섯째에 있는 성재의 순서를 ○로 나타내기
(앞) ○ ● ○ ○ ○ ○ ○ (뒤)
❸ ○를 세어 보면 모두 7개이고 ○의 수가 줄을 선 전체 학생 수이므로 모두 7명이다.

답 7명

독해 문제 | 2

해 ❶ 답 0, 3, 4, 5, 7, 8
❷ ❶에서 3보다 오른쪽에 있는 수는 4, 5, 7, 8이다.

답 4, 5, 7, 8

❸ ❷에서 구한 수 중에서 7보다 작은 수는 4, 5이다.

답 4, 5

❹ 답 4, 5

독해 문제 | 2-1 정답에서 제공하는 쌍둥이 문제

4보다 크고 8보다 작은 수를 모두 구해 보세요.

9 7 6 1 3 5

구 4보다 크고 8보다 작은 수
주 주어진 수 : 9, 7, 6, 1, 3, 5
어 1 수를 작은 수부터 순서대로 쓰고,
2 4보다 큰 수를 구한 다음,
3 2에서 구한 수 중에서 8보다 작은 수를 구하자.
해 ❶ 주어진 수를 작은 수부터 순서대로 쓰기 :
1, 3, 5, 6, 7, 9
❷ ❶에서 4보다 오른쪽에 있는 수는 5, 6, 7, 9이다.
❸ ❷에서 구한 수 중에서 8보다 작은 수는 5, 6, 7이다.
❹ 4보다 크고 8보다 작은 수는 5, 6, 7이다.

답 5, 6, 7

독해 문제 | 3

주 4, 6

해 ❶ 6개보다 1개 더 적은 젤리 수를 구해야 하므로 6보다 1만큼 더 작은 수를 구한다.
6보다 1만큼 더 작은 수는 5이므로 광수가 먹은 젤리는 5개이다.

답 5개

❷ 세 사람이 먹은 젤리의 수를 작은 수부터 순서대로 쓰면 4, 5, 6이고 가장 큰 수는 6이다.

답 6

❸ 가장 큰 수는 6이므로 가장 많이 젤리를 먹은 사람은 소민이다.

답 소민

독해 문제 | 3-1 정답에서 제공하는 쌍둥이 문제

사탕을 윤기는 7개, 석진이는 9개,/
태형이는 석진이보다 1개 더 적게 먹었습니다./
사탕을 가장 적게 먹은 사람은 누구인가요?

구 사탕을 가장 적게 먹은 사람

주 • 윤기가 먹은 사탕의 수 : 7개
• 석진이가 먹은 사탕의 수 : 9개
• 태형이가 먹은 사탕의 수 : 석진이보다 1개 더 적게 먹었다.

어 1 태형이가 먹은 사탕의 수를 구하고,
2 세 수의 크기를 비교하여 가장 작은 수를 구한 다음,
3 사탕을 가장 적게 먹은 사람을 구하자.

해 ❶ 9개보다 1개 더 적은 사탕의 수를 구해야 하므로 9보다 1만큼 더 작은 수를 구한다.
9보다 1만큼 더 작은 수는 8이므로 태형이가 먹은 사탕은 8개이다.

❷ 세 사람이 먹은 사탕의 수를 작은 수부터 순서대로 쓰면 7, 8, 9이고 가장 작은 수는 7이다.

❸ 가장 작은 수는 7이므로 사탕을 가장 적게 먹은 사람은 윤기이다.

답 윤기

독해 문제 | 4

주 7, 4

해 ❶ ㉠은 7보다 작으므로 1, 2, 3, 4, 5, 6이 들어갈 수 있다.

답 1, 2, 3, 4, 5, 6

❷ ㉡은 4보다 작으므로 1, 2, 3이 들어갈 수 있다.

답 1, 2, 3

❸ ❶, ❷에서 구한 수 중에서 ㉠, ㉡에 공통으로 들어갈 수 있는 수는 1, 2, 3이다.

답 1, 2, 3

독해 문제 | 4-1 정답에서 제공하는 쌍둥이 문제

1부터 9까지의 수 중에서/
㉠, ㉡에 공통으로 들어갈 수 있는 수를 모두 구해 보세요.

• ㉠은 5보다 큽니다.
• 8은 ㉡보다 큽니다.

구 ㉠, ㉡에 공통으로 들어갈 수 있는 수

주 • 1부터 9까지의 수
• ㉠은 5보다 크다.
• 8은 ㉡보다 크다.

어 1 ㉠에 들어갈 수 있는 수를 모두 구하고,
2 ㉡에 들어갈 수 있는 수를 모두 구한 다음,
3 1과 2에서 구한 수 중에서 공통으로 들어갈 수 있는 수를 모두 구하자.

해 ❶ ㉠은 5보다 크므로 6, 7, 8, 9가 들어갈 수 있다.

❷ ㉡은 8보다 작으므로 1, 2, 3, 4, 5, 6, 7이 들어갈 수 있다.

❸ ❶, ❷에서 구한 수 중에서 ㉠, ㉡에 공통으로 들어갈 수 있는 수는 6, 7이다.

답 6, 7

STEP 4 창의·융합·코딩 체험하기 22~25쪽

창의 1

칠판이 있는 앞에서 지영－민아－수지－은서의 순서로 앉아 있다. 은서는 칠판이 있는 앞에서 넷째에 앉아 있다.

답 넷째

코딩 2

로봇을 1개씩 6번 반복하여 만들었으므로 만든 로봇은 6개이다.
왼쪽의 로봇 1개와 만든 로봇 6개를 ○로 나타내어 하나, 둘…… 세어 보면 모두 7개이다.

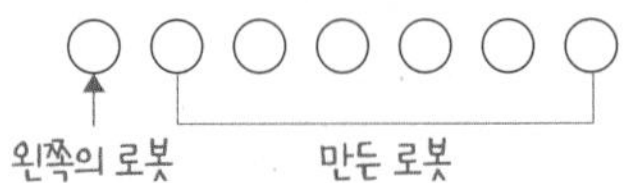

주의 반복하여 만든 로봇만 세지 않도록 주의한다.

답 7개

창의 3

화면에 보이는 개미의 수를 세어 보면 8마리이다.
여기에 개미 한 마리를 더 불러오면 8보다 1만큼 더 큰 수가 되므로 9마리가 된다.

답 8, 9

창의 4

문 앞에 가장 가깝게 서 있는 사람이 첫째이고 다섯째와 일곱째 사이에 서 있는 사람은 여섯째이므로 여섯째에 서 있는 사람은 노란색 모자를 썼다.

답 노란색

창의 5

1부터 9까지 수의 순서대로 선을 그어 보면 배가 만들어진다.

답 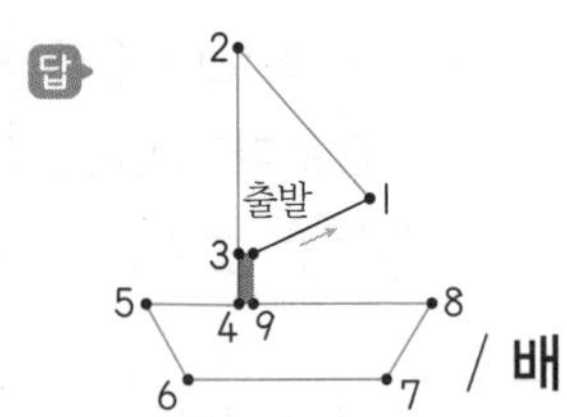

/ 배

융합 6

생수 6개, 과자 5개, 물티슈 8개씩 묶어 팔므로 작은 수부터 순서대로 쓰면 5, 6, 8이다.
한 묶음의 물건의 수가 많은 물건부터 순서대로 쓰면 물티슈, 생수, 과자이다.

답 물티슈, 생수, 과자

융합 7

농구 : 5명, 핸드볼 : 7명, 컬링 : 4명
수를 작은 수부터 순서대로 쓰면 4, 5, 7이므로 경기장에 들어가는 선수가 가장 많은 스포츠는 핸드볼이다.

답 핸드볼

창의 8

피자가 8조각으로 나누어져 있고 1조각이 남았으므로 8보다 1만큼 더 작은 수가 오늘 모인 친척 수가 된다.
8보다 1만큼 더 작은 수는 7이므로 모인 친척은 모두 7명이다.

답 7명

다르게 풀기

피자가 8조각 중 1조각이 남았으므로 1조각을 제외한 나머지 조각을 '하나, 둘, 셋……'으로 하나씩 차례로 세어 보면 7조각이다. 7조각을 한 명이 한 조각씩 먹었으므로 모인 친척은 모두 7명이다.

답 7명

종합평가 실전 마무리 하기 26~29쪽

1 ❶ 8은 팔 또는 여덟이라고 읽는다.
❷ 여섯을 수로 나타내면 6이므로 나타내는 수가 다른 하나는 여섯이다.

답 여섯

2 ❶ 그림에서 조개를 5만큼 세어 ⬭로 묶기

예 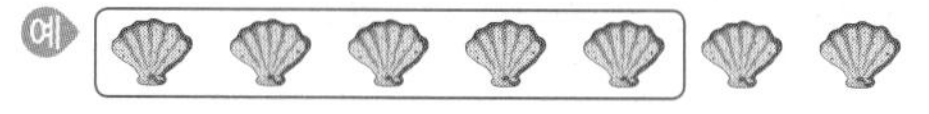

❷ 묶지 않은 조개의 수 : 2

주의 묶은 조개의 수를 쓰지 않도록 주의한다.

❸ 묶지 않은 조개의 수를 두 가지 방법으로 읽기 : 2는 이 또는 둘로 읽는다.

답 이, 둘

3 ❶ 성재와 친구 5명을 ○로 한 줄로 나타내기

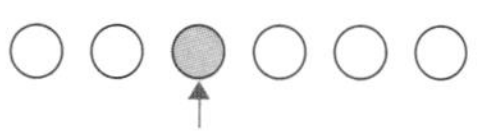

참고 성재와 친구 5명은 모두 6명이므로 ○를 6개 그려야 한다.

❷ ❶의 그림에서 왼쪽에서 셋째에 색칠하기
❸ ❷의 그림에서 성재는 오른쪽에서 넷째에 서 있다.

답 넷째

4 ❶ 전략 맨 아래 1층부터 층수를 세어 보자.
맨 아래에 있는 신발이 1층이므로 4층에는 숙녀정장, 7층에는 가전이 있다.
❷ 4층과 7층 사이에 있는 매장 : 아동의류, 스포츠의류

답 아동의류, 스포츠의류

5 ❶ 윤기는 초희보다 1개 더 많이 먹었으므로 초희는 윤기보다 1개 더 적게 먹었다.
❷ 5보다 1만큼 더 작은 수는 5 바로 앞의 수인 4이므로 초희가 먹은 체리는 5개보다 1개 더 적은 4개이다.

답 4개

6 ❶ 가장 많이 가지고 있는 어린이를 구해야 하므로 가장 큰 수를 찾는다.
❷ 2, 7, 4 중에서 가장 큰 수 : 7
❸ 레고 자동차를 가장 많이 가지고 있는 어린이 : 태형

답 태형

7 ❶ 앞에서 첫째, 둘째, 셋째, 넷째를 세어 가며 ○로 한 줄로 나타내기

(앞) ○ ○ ○ ● ○ (뒤)

무선

❷ ❶에 이어 뒤에서 첫째, 둘째를 세어 가며 ○로 나타내기
❸ ○를 세어 보면 모두 5개이고 ○의 수가 줄을 선 전체 학생 수이므로 모두 5명이다.

답 5명

참고 (❶, ❷에서 나타낸 ○의 수)
=(줄을 선 전체 학생 수)

8 ❶ 수를 작은 수부터 순서대로 쓰면 1, 3, 4, 6, 8, 9이다.
❷ 2보다 큰 수 : 3, 4, 6, 8, 9
❸ ❷에서 구한 수 중에서 6보다 작은 수 : 3, 4
❹ 2보다 크고 6보다 작은 수 : 3, 4

답 3, 4

9 ❶ 8개보다 1개 더 적은 초콜릿 수를 구해야 하므로 8보다 1만큼 더 작은 수를 구한다.
8보다 1만큼 더 작은 수는 7이므로 세찬이가 먹은 초콜릿은 7개이다.
❷ 세 사람이 먹은 초콜릿의 수를 작은 수부터 순서대로 쓰면 6, 7, 8이고 가장 큰 수는 8이다.
❸ 가장 큰 수는 8이므로 초콜릿을 가장 많이 먹은 사람은 석진이다.

답 석진

10 ❶ ㉠은 9보다 작으므로 1, 2, 3, 4, 5, 6, 7, 8이 들어갈 수 있다.
❷ ㉡은 5보다 작으므로 1, 2, 3, 4가 들어갈 수 있다.
❸ ❶, ❷에서 구한 수 중에서 ㉠, ㉡에 공통으로 들어갈 수 있는 수는 1, 2, 3, 4이다.

답 1, 2, 3, 4

2 여러 가지 모양

FUN한 기억 노트 30~31쪽

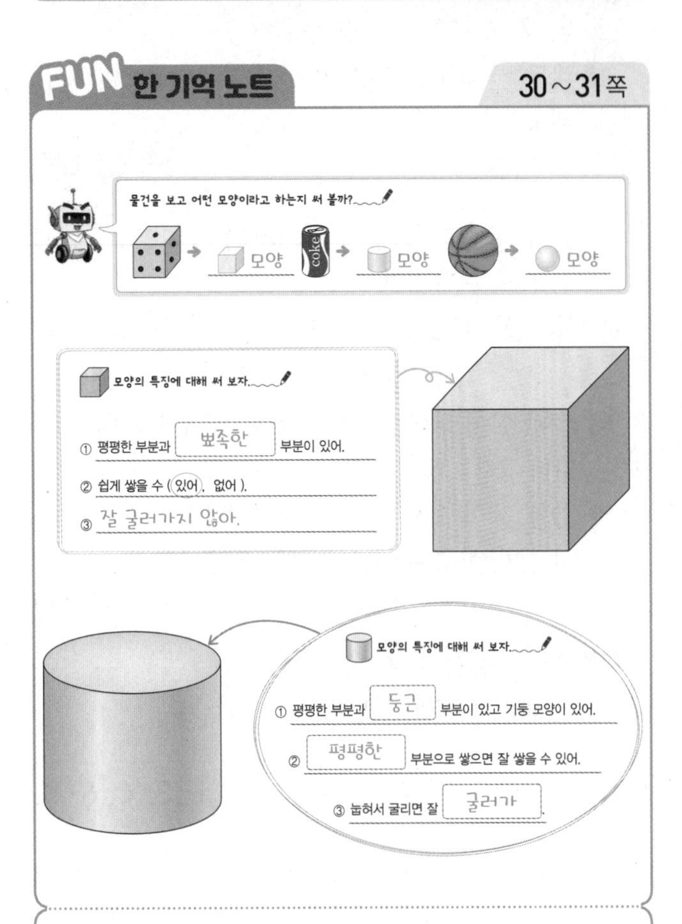

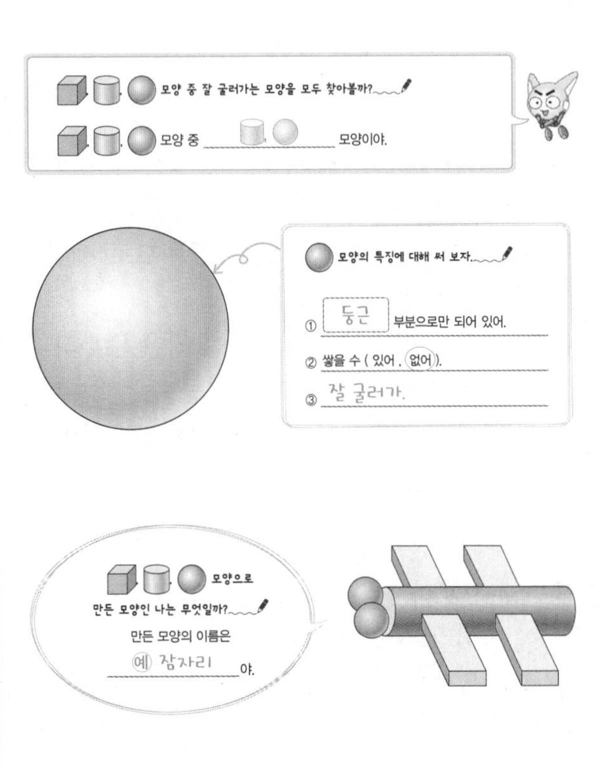

선행 문제 1

평평한에 ○표, [원기둥]에 ○표

실행 문제 1

❶ 전략 보이는 부분이 뾰족한지, 평평한지, 둥근지 알아보자.

평평한에 ○표, **뾰족한**에 ○표

❷ [상자]에 ○표

❸ 다

참고 가 : [공] 모양, 나 : [원기둥] 모양, 다 : [상자] 모양

답 다

선행 문제 2

평평한에 ○표, [상자]에 ○표, ㉠

실행 문제 2

❶ 전략 모양의 특징을 알고 이용한 모양을 찾자.

㉡, ㉢

참고 주어진 모양은 [원기둥] 모양과 [공] 모양을 이용하여 만든 모양이다.

❷ ㉠

답 ㉠

쌍둥이 문제 2-1

❶ 이용한 모양 : ㉠, ㉡

참고 주어진 모양은 [상자] 모양과 [원기둥] 모양을 이용하여 만든 모양이다.

❷ 이용하지 않은 모양 : ㉢

답 ㉢

선행 문제 3

둥근에 ○표, [공]에 ○표

실행 문제 3

❶ 가 : 원기둥, 구에 ○표

나 : 상자, 원기둥에 ○표

다 : 상자에 ○표

❷ 전략 모은 물건의 모양이 한 가지인 경우를 찾아 기호를 쓰자.

다

참고 같은 모양의 물건끼리 모은 것은 한 가지 모양만 모은 것으로 다이다.

답 다

선행 문제 4

실행 문제 4

❶ 전략 평평한 부분만 있는 모양을 찾자.

상자에 ○표

❷ 전략 ❶에서 ○표 한 모양의 물건을 찾아 기호를 쓰자.

가, 라

답 가, 라

참고 ❶ 평평한 부분만 있어서 잘 굴러가지는 않지만 잘 쌓을 수 있는 모양은 상자 모양이다.

❷ 상자 모양의 물건은 가, 라이다.

실행 문제 5

❶ 전략 [보기]의 모양과 가, 나에 사용된 모양을 비교하여 같은 모양을 찾아보자.

가 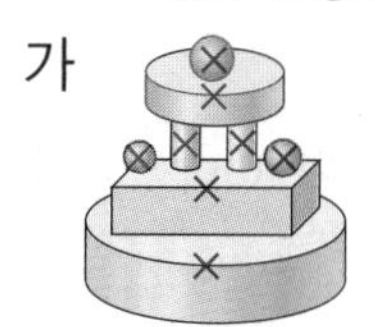 나 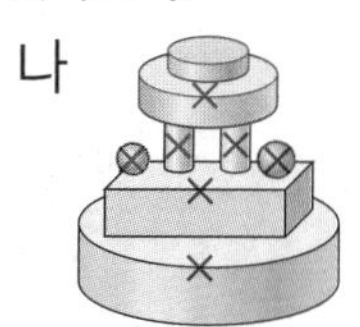

❷ 전략 가와 나 중에서 모양에 ×표를 모두 한 것을 찾아 보자.

가

답 가

선행 문제 6

5

참고

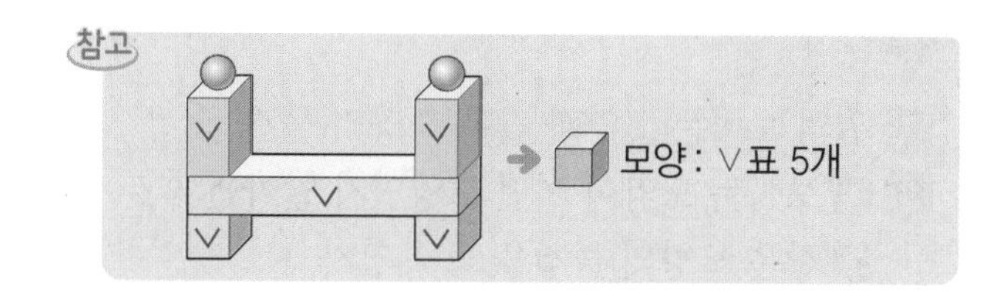

실행 문제 6

❶ 전략 각 모양별로 서로 다른 표시를 해 가며 겹치거나 빠뜨리지 않게 세어 보자.

2, 6, 4

❷ ㉡

답 ㉡

참고 ❶ 각 모양별로 겹쳐거나 빠뜨리지 않고 세어 본다.

상자 모양 : ∨표 2개

원기둥 모양 : ○표 6개

구 모양 : ×표 4개

❷ 수의 크기를 비교하면 6이 가장 크므로 가장 많이 이용한 모양은 원기둥 모양이다.

쌍둥이 문제 6-1

❶

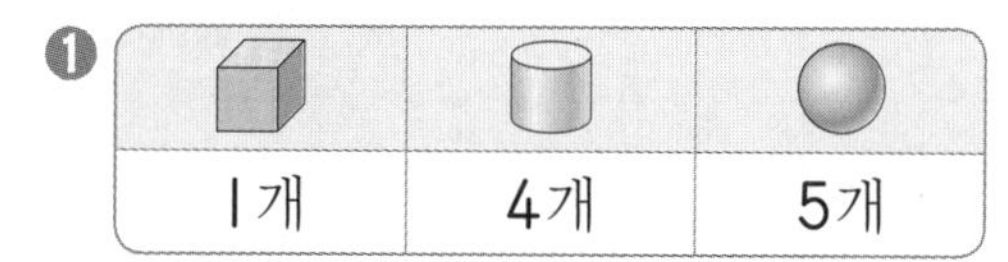

상자	원기둥	구
1개	4개	5개

❷ 가장 많이 이용한 모양 : ㉢

참고 수의 크기를 비교하면 5가 가장 크므로 가장 많이 이용한 모양은 구 모양이다.

답 ㉢

STEP 2 수학 사고력 키우기 38~43쪽

대표 문제 1

해 ❶ 답 둥근에 ○표

❷ 보이는 부분은 둥근 부분만 있으므로

 모양이다. 답 구에 ○표

❸ 답 나, 라

쌍둥이 문제 1-1

구 위의 보이는 모양과 같은 모양의 물건

어 1 보이는 모양이 어떤 모양인지 알아낸 후,
2 같은 모양의 물건을 모두 찾자.

❶ 전략 보이는 부분이 평평한지, 둥근지, 뾰족한지 알아보자.

보이는 모양은 평평한 부분이 있고, 둥근 부분이 있다.

❷ 보이는 모양 : 모양

❸ 보이는 모양과 같은 모양의 물건 : 가, 다

답 **가, 다**

대표 문제 2

해 ❶ 평평한 부분과 뾰족한 부분이 있는 모양과 평평한 부분과 둥근 부분이 있는 모양이므로 이용한 모양은 모양과 모양이다.

답 , 에 ○표

❷ 이용한 모양을 제외한 나머지 모양은 모양이므로 바르게 말한 어린이는 예준이다.

답 **예준**

쌍둥이 문제 2-1

구 모양을 이용하지 않은 어린이

❶ 전략 모양의 특징을 알고 이용한 모양을 찾자.

이용한 모양 :

이준	승연
,	,

❷ 모양을 이용하지 않은 어린이 : 승연

답 **승연**

대표 문제 3

해 ❶ 답 가 : 에 ○표

나 : , 에 ○표

다 : 에 ○표

❷ 답 **나**

쌍둥이 문제 3-1

구 같은 모양의 물건을 잘못 모은 사람

어 1 모은 물건의 모양을 각각 알아보고,
2 서로 다른 모양의 물건을 모은 사람을 찾자.

❶ 전략 모은 물건의 특징을 알아보자.

모은 물건의 모양 :

로운	강훈	필구
	,	

❷ 물건을 잘못 모은 사람 : 강훈

답 **강훈**

대표 문제 4

구 **굴러가는**

해 ❶ 평평한 부분으로 쌓을 수 있고 눕히면 잘 굴러가므로 모양이다.

답 에 ○표

❷ 모양의 물건은 나, 라, 마로 모두 3개이다.

답 **3개**

쌍둥이 문제 4-1

구 평평한 부분과 뾰족한 부분이 없고 잘 굴러가는 물건의 개수

어 1 설명에 맞는 모양을 알아보고,
2 1에서 찾은 모양의 물건을 모두 찾아 개수를 구하자.

❶ 평평한 부분과 뾰족한 부분이 없고 잘 굴러가는 모양은 모양이다.

❷ ❶에서 찾은 모양의 물건의 수 :
가, 라 → 2개

참고 모양의 물건은 가, 라로 모두 2개이다.

답 **2개**

대표 문제 5

해 ❶ 답 지현  동수 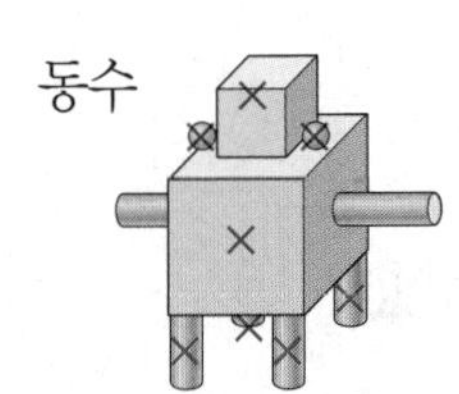

❷ ❶에서 모두 ×표가 된 모양은 지현이가 만든 모양이다.

답 지현

쌍둥이 문제 | 5-1

구 [보기]의 모양을 모두 사용한 사람

어 1 주어진 모양을 하나씩 찾아 ×표 하고,
2 ×표를 모두 한 모양을 찾자.

❶ 철수와 영희가 각각 만든 모양에서 [보기]의 모양을 찾아 ×표 하기

철수

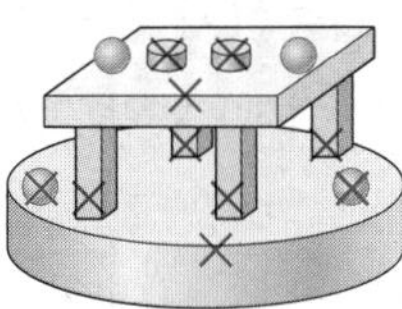

영희

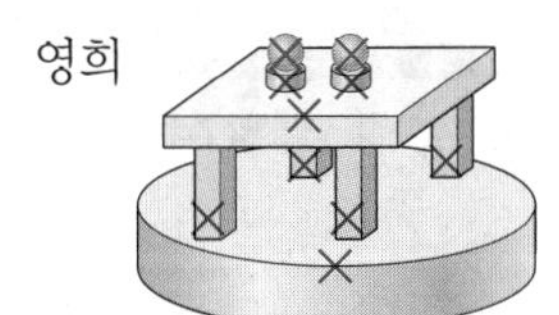

❷ [보기]의 모양을 모두 사용하여 만든 사람 : 영희

참고 ×표가 모두 된 모양은 영희가 만든 모양이다.

답 영희

대표 문제 6

해 ❶

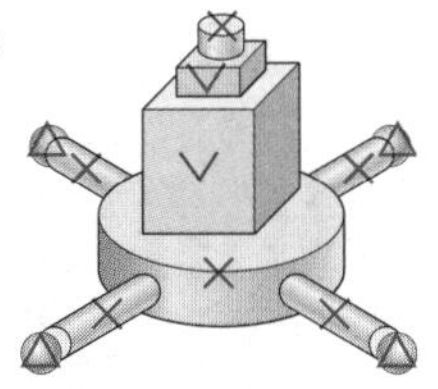

모양 : ∨표 2개

모양 : ×표 6개

모양 : △표 4개

답 2, 6, 4

❷ 수의 크기를 비교하면 2가 가장 작으므로 가장 적게 이용한 모양은 모양이다.

답 ㉠

쌍둥이 문제 | 6-1

구 가장 많이 이용한 모양과 가장 적게 이용한 모양의 기호

어 1 각 모양별로 개수를 세어 보고,
2 수의 크기를 비교해 보자.

❶ 모양 : 3개, 모양 : 5개, 모양 : 1개

❷ 전략 각 모양별 수의 크기를 비교해 보자.
❶에서 가장 많이 이용한 모양 : ㉡

참고 ❶

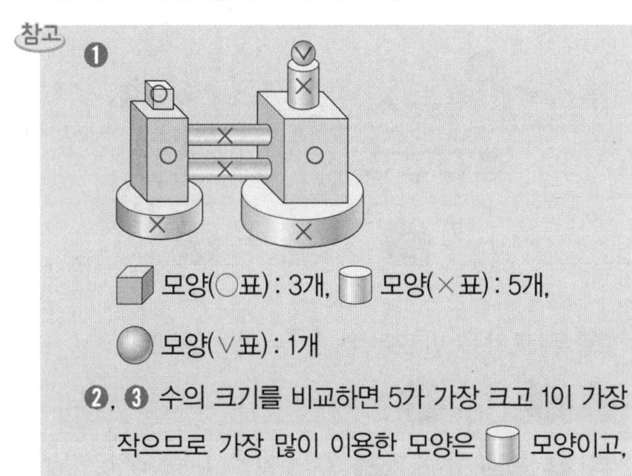

모양(○표) : 3개, 모양(×표) : 5개, 모양(∨표) : 1개

❷, ❸ 수의 크기를 비교하면 5가 가장 크고 1이 가장 작으므로 가장 많이 이용한 모양은 모양이고, 가장 적게 이용한 모양은 모양이다.

❸ ❶에서 가장 적게 이용한 모양 : ㉢

답 ㉡, ㉢

3 STEP 수학 독해력 완성하기 44~47쪽

독해 문제 | 1

구 두 모양을 만드는 데 모두 이용한 모양

주 , , 모양을 이용하여 만든 두 모양

어 1 , , 모양 중에서 두 모양을 만드는 데 이용한 모양을 각각 알아보고,
2 두 모양을 만드는 데 모두 이용한 모양을 알아보자.

해 ❶ 답

왼쪽 모양	오른쪽 모양
(, ,)	(, ,)

❷ 두 모양을 만드는 데 모두 이용한 모양은 모양이다.

답 나

독해 문제 | 1-1 정답에서 제공하는 쌍둥이 문제

두 모양을 만드는 데 모두 이용한 모양의 기호를 써 보세요.

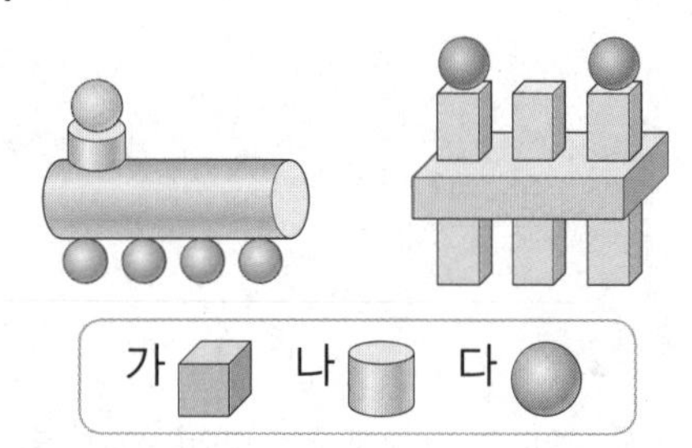

가 나 다

구 두 모양을 만드는 데 모두 이용한 모양

주 , , 모양을 이용하여 만든 두 모양

어 1 , , 모양 중에서 두 모양을 만드는 데 이용한 모양을 각각 알아보고,
2 두 모양을 만드는 데 모두 이용한 모양을 알아보자.

해 ❶ 두 모양을 만드는 데 이용한 모양에 각각 ○표 하기

왼쪽 모양	오른쪽 모양
(, ,)	(, ,)

❷ 두 모양을 만드는 데 모두 이용한 모양의 기호 : 다

답 다

독해 문제 | 2

구 왼쪽 보이는 모양과 같은 모양의 개수

주 , , 모양을 이용하여 만든 모양

어 1 왼쪽 보이는 모양은 어떤 모양인지 알아보고,
2 왼쪽 보이는 모양과 같은 모양의 개수를 구하자.

해 ❶ 평평한 부분과 뾰족한 부분이 보이므로 모양이다. 답 에 ○표

❷ 오른쪽 모양을 만드는 데 모양을 4개 이용했다.

참고

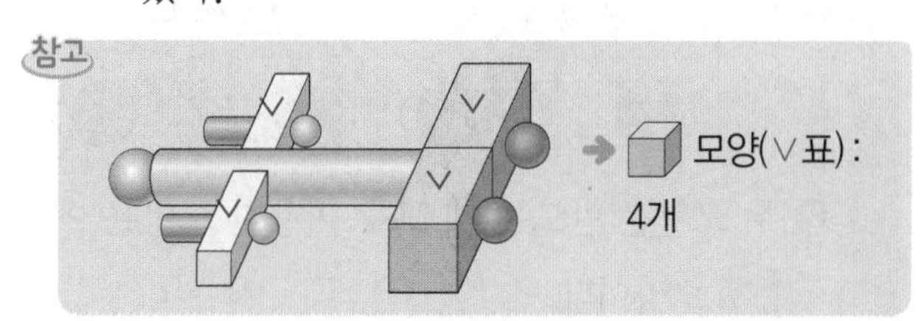

답 4개

독해 문제 | 2-1 정답에서 제공하는 쌍둥이 문제

오른쪽 모양을 만드는 데/
왼쪽 보이는 모양과 같은 모양을 몇 개 이용했는지 구해 보세요.

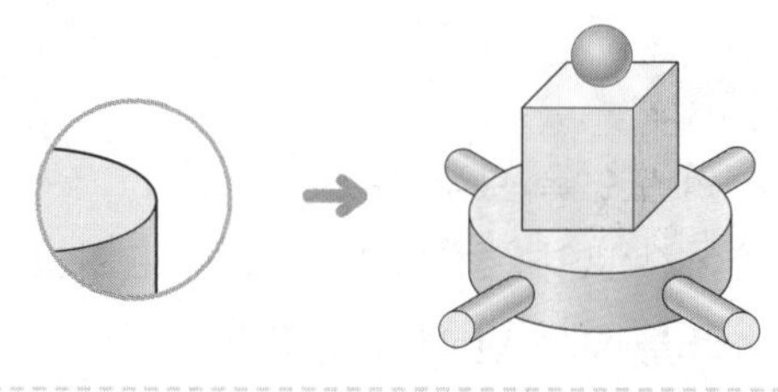

구 왼쪽 보이는 모양과 같은 모양의 개수

주 , , 모양을 이용하여 만든 모양

어 1 왼쪽 보이는 모양은 어떤 모양인지 알아보고,
2 왼쪽 보이는 모양과 같은 모양의 개수를 구하자.

해 ❶ 왼쪽 보이는 모양 : 모양

❷ 오른쪽 모양을 만드는 데 모양을 모두 5개 이용했다.

참고

답 5개

독해 문제 | 3

구 , , 모양 중 잠자리 모양에 더 많이 이용한 모양과 개수의 차

어 1 잠자리 모양과 강아지 모양을 만드는 데 이용한 각 모양의 개수를 구하고,
2 개수가 다른 모양을 찾아 그 차를 구하자.

해 ❶ 답 (위에서부터)
4개, 6개, 2개 / 3개, 6개, 2개

❷ 4는 3보다 1만큼 더 큰 수이므로 잠자리 모양은 강아지 모양보다 모양을 1개 더 많이 이용했다.

답 **모양, 1개**

독해 문제 | 4

구 처음에 가지고 있던 모양의 개수

주 1

어 1 오른쪽 모양을 만드는 데 이용한 모양의 개수를 구하고,

2 처음에 가지고 있던 모양의 개수를 구하자.

해 ❶ 답 5개

주의 모양을 겹치거나 빠뜨리지 않고 세어 본다.

❷ 모양을 5개 이용했는데 1개가 남았으므로 처음에 가지고 있던 모양은 5개보다 1개 더 많은 6개이다.

답 6개

독해 문제 | 4-1 정답에서 제공하는 쌍둥이 문제

다음의 모양을 만들었더니 모양 1개가 남았습니다./
처음에 가지고 있던 모양은 몇 개인가요?

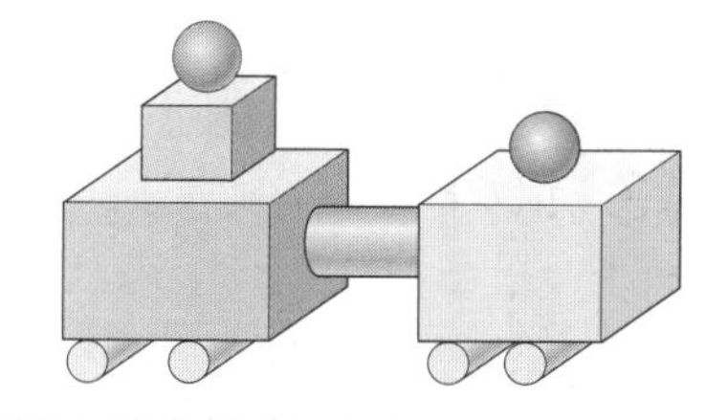

구 처음에 가지고 있던 모양의 개수

주 주어진 모양을 만들고 남은 모양 : 1개

어 1 주어진 모양을 만드는 데 이용한 모양의 개수를 구하고,

2 처음에 가지고 있던 모양의 개수를 구하자.

해 ❶ 주어진 모양을 만드는 데 이용한 모양 : 3개

❷ 모양을 3개 이용했는데 1개가 남았으므로 처음에 가지고 있던 모양은 3개보다 1개 더 많은 4개이다.

답 4개

STEP 4 창의·융합·코딩 체험하기 48~51쪽

융합 1

연필로 점선을 따라 그려 보면 물건의 전체적인 모양을 알 수 있다. 모양인 물건은 통조림 캔, 유리컵이다.

답 **통조림 캔, 유리컵**

창의 2

모양은 잘 쌓을 수 있고 잘 굴러가지 않아 물건을 담아서 옮기기에 좋다. 그래서 트럭에 실은 물건들을 보면 대부분 모양의 상자이다.

답 에 ○표

창의 3

여러 방향으로 잘 굴러가는 모양은 모양이다. 풀과 음료수 캔은 한쪽 방향으로만 잘 굴러간다.

답

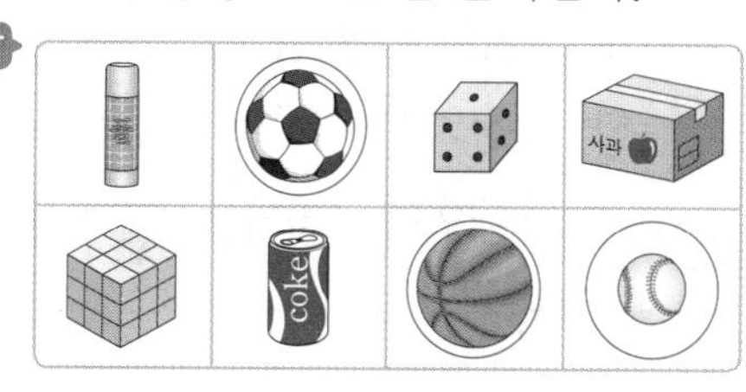

창의 4

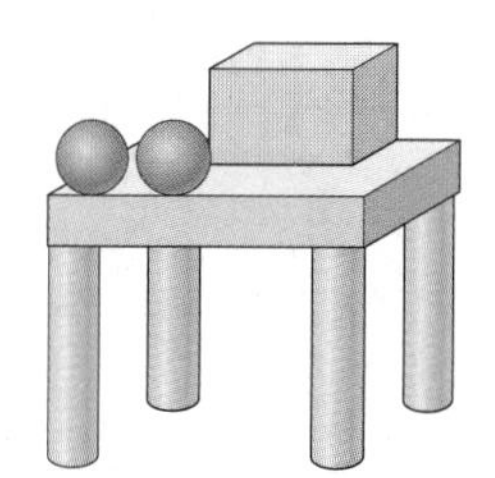

책상의 위쪽 판과 상자가 모양이므로 2개, 책상 다리가 모양이므로 4개, 책상 위의 공이 모양이므로 2개이다.

답 2, 4, 2

주의 , , 모양을 각각 셀 때 겹치거나 빠뜨리지 않게 주의한다.

정답과 풀이

창의 5

전자레인지의 전체 모양은 모양이고 전자레인지의 버튼은 모양이다.

답 에 ○표, 에 ○표

참고 전자레인지의 전체 모양은 평평한 부분과 뾰족한 부분이 있고, 전자레인지의 버튼은 평평한 부분과 둥근 부분이 있다.

코딩 6

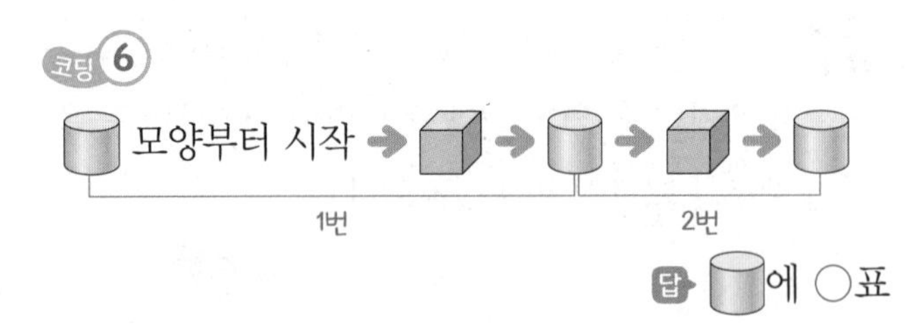

답 에 ○표

창의 7

모양은 잘 굴러가지만 한 방향이 아니라 여러 방향으로 굴러가 바퀴 4개가 같은 방향으로 굴러가지 않는다. 자동차가 원하는 방향으로 정확하게 움직이려면 한 방향으로 굴러가는 모양이 바퀴의 모양으로 알맞다.

답 ㉡

코딩 8

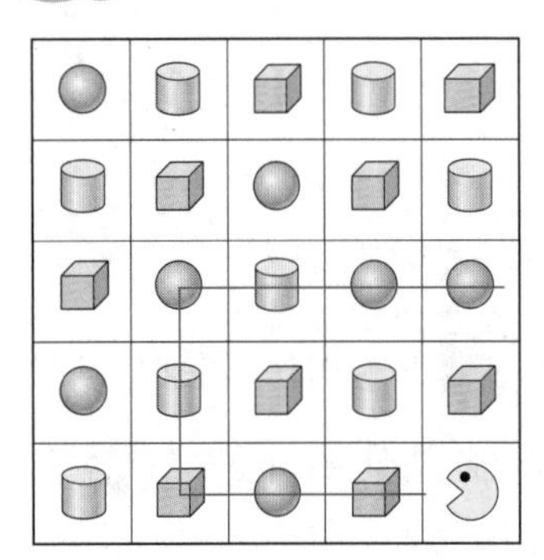

버블이를 왼쪽으로 3칸, 위쪽으로 2칸, 오른쪽으로 3칸 움직이면 모양 2개, 모양 2개, 모양 4개를 먹는다.

답 4개

실전 마무리 하기 52~55쪽

1 ❶ 전략 물건의 모양이 평평한지, 둥근지, 뾰족한지 알아보자.

모양 : 3개, 모양 : 4개, 모양 : 1개

❷ 가장 많은 모양은 모양이다.

답 에 ○표

2 ❶ 전략 보이는 부분이 평평한지, 둥근지, 뾰족한지 알아보자.

보이는 모양은 평평한 부분과 뾰족한 부분이 있다.

❷ 보이는 모양 : 모양

❸ 보이는 모양과 같은 모양의 물건 : 나, 다

답 나, 다

3 ❶ 전략 모양의 특징을 알고 이용한 모양을 찾자.

이용한 모양 : , 모양

❷ 이용하지 않은 모양 : 모양

답 에 ○표

4 ❶ 가 : , 모양, 나 : 모양, 다 : 모양

❷ 잘못 모은 것 : 가

답 가

5 ❶ 쉽게 쌓을 수 있고 뾰족한 부분이 있는 모양 : 모양

❷ ❶에서 찾은 모양의 물건은 나, 마이다.

답 나, 마

6 ❶ 전략 각 모양별로 서로 다른 표시를 해 가며 겹치거나 빠뜨리지 않게 세어 보자.

모양 : 7개, 모양 : 4개, 모양 : 2개

참고

❷ 가장 많이 이용한 모양 : 모양 → ㉠

답 ㉠

7 ❶ 전략 모양의 특징을 알고 어떤 모양을 이용했는지 알아보자.

왼쪽 모양 : 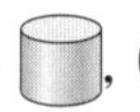  모양

오른쪽 모양 : 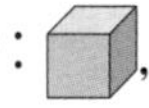, 모양

❷ 두 모양을 만드는 데 모두 이용한 모양은 모양으로 다이다.

답 다

8 ❶ 전략 모양의 특징을 알고 보이는 모양을 알아보자.

왼쪽 보이는 모양 : 모양

❷ 오른쪽 모양을 만드는 데 이용한 모양 : 5개

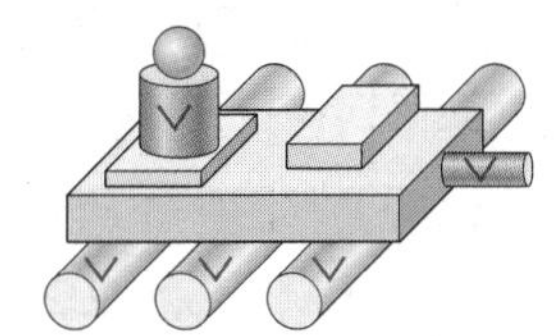

답 5개

9 ❶

모양			
탱크	3개	5개	1개
로봇	3개	5개	2개

❷ 탱크 모양은 로봇 모양보다 모양을 1개 더 적게 이용했다.

참고 탱크와 로봇 모양에서 모양과 모양은 각각 3개, 5개로 같으므로 개수가 다른 모양을 비교한다.

답 모양, 1개

10 ❶ 오른쪽 모양을 만드는 데 이용한 모양 : 6개

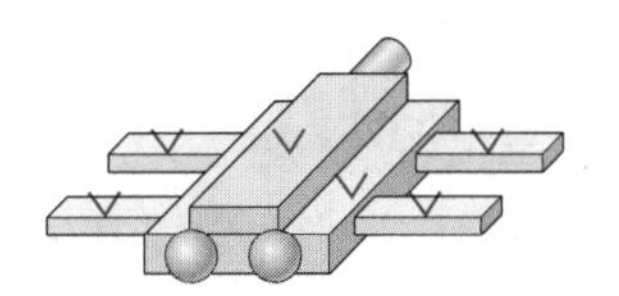

주의 모양을 셀 때 겹치거나 빠뜨리지 않게 표시하면서 세어 본다.

❷ 모양을 6개 이용했는데 1개가 남았으므로 처음에 가지고 있던 모양은 6개보다 1개 더 많은 7개이다.

답 7개

3 덧셈과 뺄셈

FUN 한 이야기 56~57쪽

3 / 2 / 3+2=5 / 5

1 STEP 문제 해결력 기르기 58~63쪽

선행 문제 1

(1) 8

(2) 3

실행 문제 1

❶ 7

❷ 7

답 7개

선행 문제 2

(1) **커졌다**에 ○표

(2) **작아졌다**에 ○표

실행 문제 2

❶ **커졌다**에 ○표

❷ +

답 +

쌍둥이 문제 2-1

❶ 전략 계산 결과가 커졌는지 작아졌는지 알아보자.

7에서 2로 수가 작아졌다.

❷ 전략 커졌으면 ➔ +, 작아졌으면 ➔ −

따라서 $7-5=2$이다.

답 −

선행 문제 3

(1) 3, 7

(2) 3, 5

실행 문제 3

❶ **덧셈식**에 ○표

❷ +, 8

답 8명

쌍둥이 문제 3-1

❶ 전략 문장을 보고 덧셈식을 만들지 뺄셈식을 만들지 정하자.

모두 몇 개인지 구해야 하므로 덧셈식을 만든다.

❷ 전략 ❶에서 답한 식을 만들어 계산하자.

식 : $3+2=5$(개) 답 5개

선행 문제 4

(1) 1, 3

(2) 2, 4

실행 문제 4

❶ **뺄셈식**에 ○표

❷ $-$, 2 답 2명

쌍둥이 문제 4-1

❶ 전략 문장을 보고 덧셈식을 만들지 뺄셈식을 만들지 정하자.

남은 것은 몇 자루인지 구해야 하므로 뺄셈식을 만든다.

❷ 전략 ❶에서 답한 식을 만들어 계산하자.

식 : $6-2=4$(자루) 답 4자루

선행 문제 5

(1) 1, 4, 9 / 9, 1

(2) 3, 6, 8 / 8, 3

실행 문제 5

❶ 2, 3, 5

❷ 5, 2

❸ 5, 2, 7 답 7

선행 문제 6

(1) 2, 1

(2) 5, 4, 3, 2, 1

실행 문제 6

❶ 2, 3, 4, 5

❷ 3 / 3 답 3개

STEP 2 수학 사고력 키우기 64~69쪽

대표 문제 1

구 오빠

주 8, 3

해 ❶ 8을 3과 5로 가르기 할 수 있다. 답 5

❷ 답 5자루

쌍둥이 문제 1-1

구 두 사람이 가진 막대사탕 수를 모은 수

주 서현이가 가진 막대사탕 수 : 1개

진아가 가진 막대사탕 수 : 5개

❶ 전략 1과 5를 모으기 하자.

1과 5를 모으기

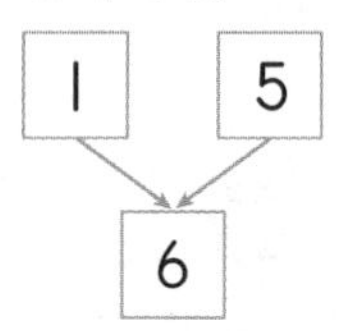

❷ 전략 ❶에서 모으기 한 수를 쓰자.

모은 막대사탕 수 : 6개

답 6개

대표 문제 2

해 ❶ 계산 결과가 7이므로 9보다 작아졌다.

답 **작아졌다**에 ○표

❷ 9에서 7로 수가 작아졌으므로 $-$를 써넣는다.

답 $-$

쌍둥이 문제 2-1

구 □ 안에 알맞은 $+$, $-$ 써넣기

어 1 계산 결과가 5보다 커졌는지 작아졌는지 알아본 다음

2 커졌으면 $+$, 작아졌으면 $-$를 써넣자.

❶ 전략 계산 결과 8과 비교하자.

계산 결과가 8이므로 5보다 커졌다.

❷ 전략 5보다 계산 결과가 커졌으면 $+$, 작아졌으면 $-$

계산 결과 8이 5보다 커졌으므로 $+$를 써넣는다.

답 $+$

대표 문제 3

주 4, 5

해 ❶ **덧셈식**에 ○표

❷ 덧셈식 :

(코끼리의 수)+(기린의 수)=4+5=9(마리)

답 9마리

참고 모두 몇 개인가요?
➜ 덧셈식을 만든다.
남은 것은 몇 개인가요? 몇 개 더 많은가요?
➜ 뺄셈식을 만든다.

쌍둥이 문제 3-1

구 나뭇가지에 앉아 있는 참새의 수

주 나뭇가지에 앉아 있던 참새의 수 : 3마리
더 날아온 참새의 수 : 6마리

❶ 모두 몇 마리인지 구해야 하므로 덧셈식을 만든다.

❷ 전략 ❶의 식을 만들어 답을 구하자.

(앉아 있던 참새의 수)+(더 날아온 참새의 수)
=3+6=9(마리)

답 9마리

대표 문제 4

주 6, 4

해 ❶ **뺄셈식**에 ○표

❷ 뺄셈식 :

(교실에 있던 학생 수)−(나간 학생 수)
=6−4=2(명)

답 2명

쌍둥이 문제 4-1

구 농구공과 축구공 수의 차

주 농구공 수 : 8개
축구공 수 : 6개

❶ 몇 개 더 많은지 구해야 하므로 뺄셈식을 만든다.

❷ 전략 ❶의 식을 만들어 답을 구하자.

(농구공의 수)−(축구공의 수)
=8−6=2(개)

답 2개

대표 문제 5

구 차

해 ❶ 카드의 수를 작은 것부터 순서대로 쓰면 1, 5, 9이다.

답 1, 5, 9

❷ 답 9, 1

❸ (가장 큰 수)−(가장 작은 수)
=9−1=8

답 8

참고 가장 큰 수와 가장 작은 수의 차 구하기
① 수를 작은 수부터 차례로 쓴다.
② 가장 큰 수와 가장 작은 수를 찾는다.
③ (가장 큰 수)−(가장 작은 수)를 구한다.

쌍둥이 문제 5-1

구 가장 큰 수와 가장 작은 수의 합

주 수 카드의 수 : 3 6 2 7

어 1 네 수의 크기를 비교한 다음
2 가장 큰 수와 가장 작은 수의 합을 구하자.

❶ 카드의 수를 작은 것부터 순서대로 쓰기 :
2, 3, 6, 7

❷ 가장 큰 수 : 7
가장 작은 수 : 2

❸ 전략 (가장 큰 수)+(가장 작은 수)

(가장 큰 수)+(가장 작은 수)
=7+2=9

답 9

대표 문제 6

구 연아

해 ❶

연아	3	2	1
동생	1	2	3

❷ ❶의 표에서 연아는 3개, 동생은 1개를 가지면 된다.

답 3개

참고 • 물건을 둘로 가르기
① 4를 두 수로 가르기 하는 표를 만든다.
② 연아의 수가 더 큰 경우를 찾는다.

쌍둥이 문제 6-1

구 지호가 가지면 되는 쿠키 수
주 나누어 가질 쿠키의 수 : 8개
어 1 8을 두 수로 가르기 하는 경우를 모두 찾은 다음
2 똑같은 수로 가르기 한 경우를 찾아 지호가 가지면 되는 쿠키의 수를 구하자.

❶ 전략 8을 두 수로 가르기 하는 표를 만들자.
8을 두 수로 가르기 하는 표 만들기 :

지호	7	6	5	4	3	2	1
영은	1	2	3	4	5	6	7

❷ 전략 ❶의 표에서 똑같은 수로 가르기 한 경우를 찾자.
❶의 표에서 똑같은 수로 가르기 한 두 수 : 4와 4
지호가 가지는 쿠키 수 : 4개

답 4개

참고 '두 사람이 나누어 가지려고 합니다.'는 문장이 있는 문제
➜ 표를 만들어 두 수로 가르기 한 다음 조건에 맞는 수를 찾는다.

STEP 3 수학 독해력 완성하기 70~73쪽

독해 문제 1

해 ❶ 식 $1+\square=8$
❷ $1+\square=8$에서 $1+7=8$이므로 $\square=7$이다.

답 7

❸ 답 7

독해 문제 1-1 정답에서 제공하는 쌍둥이 문제

□ 안에 알맞은 수를 구해 보세요.

$4+\square=6$

구 □ 안에 알맞은 수
어 4와 얼마를 더해서 6이 되는지 알아보자.
해 $4+\square=6$에서 $4+2=6$이므로 $\square=2$이다.

답 2

독해 문제 2

해 ❶ 답 2장
❷ (수지가 가지고 있는 색종이)
=(진영이가 가지고 있는 색종이)+2
$=7+2=9$

식 $7+2=9$

❸ 답 9장

참고 '수지는 진영이보다 2장 더 많이 가지고 있습니다.'에서 수지가 가지고 있는 색종이 수는
(진영이가 가지고 있는 색종이 수)+2로 구한다.

독해 문제 2-1 정답에서 제공하는 쌍둥이 문제

수진이는 연필을 5자루 가지고 있습니다. 민정이는 수진이보다 3자루 더 많이 가지고 있습니다. 민정이가 가지고 있는 연필은 몇 자루인가요?

구 민정이가 가지고 있는 연필 수
주 • 수진이가 가지고 있는 연필 수 : 5자루
• 민정이가 수진이보다 더 많이 가지고 있는 연필 수: 3자루
어 수진이가 가지고 있는 연필 수에 3자루를 더하자.
해 (민정이가 가지고 있는 연필 수)
=(수진이가 가지고 있는 연필 수)+3
$=5+3=8$(자루)

답 8자루

독해 문제 3

해 ❶ (규진이가 가지고 있는 구슬)
−(동생에게 준 구슬)
$=8-2=6$(개)

답 6개

❷ (동생에게 주고 남은 구슬)
−(친구에게 준 구슬)
$=6-3=3$(개)

답 3개

❸ $8-2=6$(개), $6-3=3$(개)

답 3개

참고 • 남은 구슬 수 구하기
한꺼번에 하나의 뺄셈식을 만들어 다음과 같이 풀 수도 있다.
(처음 가지고 있던 구슬 수)−(동생에게 준 구슬 수)
−(친구에게 준 구슬 수)
$=8-2-3$
$=6-3=3$(개)

독해 문제 3-1 정답에서 제공하는 쌍둥이 문제

주호는 초콜릿을 9개 가지고 있습니다. 동생에게 3개를 주고, 친구에게 4개를 주었습니다. 주호에게 남은 초콜릿은 몇 개인가요?

구 남은 초콜릿 수
주 • 처음에 가지고 있던 초콜릿 수 : 9개
• 동생에게 준 초콜릿 수 : 3개
• 친구에게 준 초콜릿 수 : 4개
어 1 처음에 가지고 있던 초콜릿 수에서 동생에게 준 초콜릿 수를 뺀 다음
2 동생에게 주고 남은 초콜릿 수에서 친구에게 준 초콜릿 수를 빼자.
해 ❶ (처음에 가지고 있던 초콜릿 수)
−(동생에게 준 초콜릿 수)
$=9-3=6$(개)
❷ (동생에게 주고 남은 초콜릿 수)
−(친구에게 준 초콜릿 수)
$=6-4=2$(개)
답 2개

독해 문제 4

구 이긴 사람
주 • 나온 주사위의 눈의 수의 합이 더 큰 사람이 이긴다.
• 윤아의 나온 주사위의 눈의 수 : 2와 5
• 진우의 나온 주사위의 눈의 수 : 3과 3
어 1 윤아의 나온 주사위의 눈의 수의 합을 구하고
2 진우의 나온 주사위의 눈의 수의 합을 구한 다음
3 두 수를 비교하여 더 큰 수인 이긴 사람을 구하자.
해 ❶ $2+5=7$ 답 7
❷ $3+3=6$ 답 6
❸ 7, 6을 순서대로 쓰면 6, 7이므로 더 큰 수는 뒤에 있는 7이다.
➔ 윤아가 이겼다.
답 윤아

참고 카드 수의 합 또는 주사위 눈의 수의 합의 비교는 각각 두 수를 더한 다음, 계산 결과를 비교한다.

독해 문제 4-1 정답에서 제공하는 쌍둥이 문제

주사위를 두 번씩 던져 나온 눈의 수의 합이 더 큰 사람이 이긴다고 합니다. 지혜는 1과 6, 민우는 5와 3이 나왔습니다. 이긴 사람은 누구인가요?

구 이긴 사람
주 • 지혜 : 1과 6
• 민우 : 5와 3
어 1 지혜가 던진 주사위의 눈의 수의 합과 민우가 던진 주사위의 눈의 수의 합을 구한 다음
2 합이 더 큰 사람을 찾자.
해 ❶ 지혜가 던진 주사위의 눈의 수의 합:
$1+6=7$
민우가 던진 주사위의 눈의 수의 합:
$5+3=8$
❷ 8이 더 크므로 민우가 이겼다.
답 민우

독해 문제 5

해 ❶ 답 1, 3, 4, 5
❷ 1, 3, 4, 5에서
가장 큰 수 : 5
두 번째로 큰 수 : 4
답 5, 4

참고 합이 가장 큰 수를 만들려면 더하는 두 수가 클수록 합이 커진다. 따라서 가장 큰 수와 두 번째로 큰 수를 더해야 한다.

❸ (합이 가장 큰 덧셈식)
=(가장 큰 수)+(두 번째로 큰 수)
$=5+4=9$
답 5, 4, 9

참고 ① 수 카드 4장 중 2장을 골라 합이 가장 큰 덧셈식을 만드는 경우
➔ (가장 큰 수)+(두 번째로 큰 수)
② 수 카드 4장 중 2장을 골라 합이 가장 작은 덧셈식을 만드는 경우
➔ (가장 작은 수)+(두 번째로 작은 수)
③ 수 카드 4장 중 2장을 골라 차가 가장 큰 뺄셈식을 만드는 경우
➔ (가장 큰 수)−(가장 작은 수)

독해 문제 | 5-1 정답에서 제공하는 쌍둥이 문제

4장의 수 카드 중 2장을 골라 합이 가장 큰 덧셈식을 만들어 보세요.

6 2 1 3

구 합이 가장 큰 덧셈식 만들기

주 • 수 카드의 수 : 6 2 1 3

어 1 합이 가장 크려면 가장 큰 수와 두 번째로 큰 수를 더해야 하므로

2 가장 큰 수와 두 번째로 큰 수를 찾은 다음

3 합이 가장 큰 덧셈식을 만들자.

해 ❶ 카드의 수를 작은 것부터 순서대로 쓰면 1, 2, 3, 6이다.

❷ 가장 큰 수 : 6

두 번째로 큰 수 : 3

❸ 덧셈식 : 6+3=9

식 6+3=9

독해 문제 | 6

구 유리

주 • 7

• 1

해 ❶ 답

유리	6	5	4	3	2	1
진호	1	2	3	4	5	6

참고 7을 두 수로 가르기 하는 표를 만든 다음, 유리가 진호보다 1 큰 수인 경우를 찾는다.

❷ 답 1개

❸ 유리가 진호보다 1개 더 많이 먹었을 때

→ 유리 : 4개

진호 : 3개

답 4개

참고 물건을 둘로 가르기 하는 방법

① 가르기 해야 할 전체 물건의 수를 알아본다.

② 물건을 둘로 가르기 하는 것이므로 전체 물건의 수를 표를 만들어 두 수로 가르기 한다.

③ 문제의 조건에 알맞은 두 수를 찾아 답을 구한다.

→ 예 • 한 개 더 많거나 적게 나누어야 하는 경우 : 차가 1인 두 수를 찾는다.

• 똑같이 나누어야 하는 경우 : 똑같은 두 수를 찾는다.

독해 문제 | 6-1 정답에서 제공하는 쌍둥이 문제

귤 8개를 시우와 은재가 나누어 먹었습니다. 시우가 은재보다 2개 더 많이 먹었다면 시우는 귤을 몇 개 먹었나요?

구 시우가 먹은 귤 수

주 • 처음에 있던 귤 수 : 8개

• 시우가 은재보다 더 많이 먹은 귤 수 : 2개

어 1 8을 두 수로 가르기 하는 경우를 표를 만든 다음

2 시우의 수가 은재의 수보다 2 큰 수를 찾자.

해 ❶ 8을 두 수로 가르기 하는 표를 만들면

시우	7	6	5	4	3	2	1
은재	1	2	3	4	5	6	7

❷ 시우가 은재보다 2 큰 수는 5와 3으로 가르기 한 것이다.

❸ 시우는 귤을 5개 먹었다.

답 5개

4 STEP 창의·융합·코딩 체험하기 74~77쪽

창의 1

뺄셈식으로 나타내면

(옷장에 남아 있는 모자의 수)

=(원래 모자의 수)−(쓴 모자의 수)

=7−2=5(개)

이다.

답 7, 2, 5

융합 2

우리 가족은 4명이므로 4인분, 이모네 가족은 5명이므로 5인분을 먹었다.

→ 4+5=9(인분)

답 9인분

참고 모두 몇 인분인지 구해야 하므로 덧셈식을 만든 다음 계산한다.

코딩 3

$1+7=8$, $2+6=8$,
$3+5=8$, $4+4=8$,
$5+3=8$, $6+2=8$,
$7+1=8$ 중 2가지를 쓴다.

답 예 1, 7 / 2, 6

창의 4

어머니께서 만든 감자전이 9장이라면 $9-\square=3$(장)이므로 혜원이가 먹은 감자전은 6장이다.
8장이라면 5장, 7장이라면 4장이다.

답 (위에서부터) 6, 5, 4

코딩 5

?에서 3을 빼서 2가 나와야 하므로
$\square-3=2$에서 $5-3=2$, $\square=5$이다. ➔ ?=5
?+4에서 $5+4=9$이므로 나온 수의 말풍선에는 9가 나온다.

답 9

융합 6

4명이 놀고 있는데 3명이 더 왔으므로 식으로 나타내면 $4+3=7$이다.
➔ 술래잡기를 한 친구는 모두 7명이다.

답 $4+3=7$, 7명

융합 7

내가 던진 주사위 눈의 수의 합 :
$4+2=6$
동생이 던진 주사위 눈의 수의 합 :
$6+1=7$
➔ 동생이 더 앞서고 있다.

답 6, 7, 동생

창의 8

택시 정류장에 택시가 6대 있는데 2대가 손님을 태우고 출발했다면
➔ $6-2=4$(대)
남아 있는 택시 : 4대

답 $6-2=4$, 4대

종합평가 실전 마무리 하기 78~81쪽

1 ❶ ㉠ 5 → 1, 4 ㉡ 6 → 5, 1
❷ 수를 잘못 가르기 한 것 : ㉡

답 ㉡

2 ❶ ㉠ $0+6=6$
㉡ $7-0=7$
㉢ $3+3=6$
❷ 계산 결과가 가장 큰 것 : ㉡

답 ㉡

3 ❶ 모르는 수를 $\square$라 하여 덧셈식을 만들면 $\square+6=9$이다.
❷ $\square+6=9$에서 $3+6=9$이므로 $\square=3$이다.

답 3

참고 얼마와 6을 더하면 9가 되는지 생각해 본다.
➔ $3+6=9$

4 ❶ 5를 가르기 하면

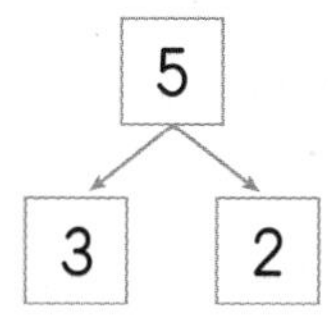

❷ 다른 접시에 놓은 떡 : 2개

답 2개

참고 떡 5개를 접시 2개에 3개와 몇 개로 놓은 것은 5를 3과 얼마로 가르기 한 것인지 구하는 문제이다.

5 ❶ 계산 결과가 3으로 7보다 작아졌다.
❷ 계산 결과가 7보다 작아졌으므로 −를 써넣는다.

답 −

참고 처음 수보다 계산 결과가 커졌다 ➔ +
처음 수보다 계산 결과가 작아졌다. ➔ −

6 ❶ 남아 있는 자동차는 몇 대인지 구해야 하므로 뺄셈식을 만든다.
❷ 뺄셈식 : 8－2＝6(대)

답 6대

7 ❶ 카드의 수를 작은 것부터 순서대로 쓰면 3, 6, 9이다.
❷ 가장 큰 수 : 9
가장 작은 수 : 3
❸ 가장 큰 수와 가장 작은 수의 차 :
9－3＝6

답 6

참고 가장 큰 수와 가장 작은 수의 차 구하기
① 수를 작은 것부터 순서대로 쓴다.
② 가장 큰 수와 가장 작은 수를 찾는다.
③ (가장 큰 수)－(가장 작은 수)를 계산한다.

8 ❶ 노란 장미가 빨간 장미보다 1송이 더 많다.
❷ (빨간 장미)＋1＝(노란 장미)
➔ 4＋1＝5
❸ 노란 장미 : 5송이

답 5송이

9 ❶ 은수가 가지고 있는 풍선 수 :
(노란색 풍선)＋(분홍색 풍선)
＝5＋2＝7(개)
❷ 윤재가 가지고 있는 풍선 수 :
(연두색 풍선)＋(하늘색 풍선)
＝4＋4＝8(개)
❸ 7보다 8이 더 크므로 윤재가 풍선을 더 많이 가지고 있다.

답 윤재

10 ❶ 6을 두 수로 가르기 하는 표 만들기

민주	5	4	3	2	1
동생	1	2	3	4	5

❷ 표에서 민주가 동생보다 2 큰 경우는 4와 2로 가르기 할 때이다.
민주 : 4개, 동생 : 2개

답 4개

4 비교하기

FUN 한 기억 노트 82～83쪽

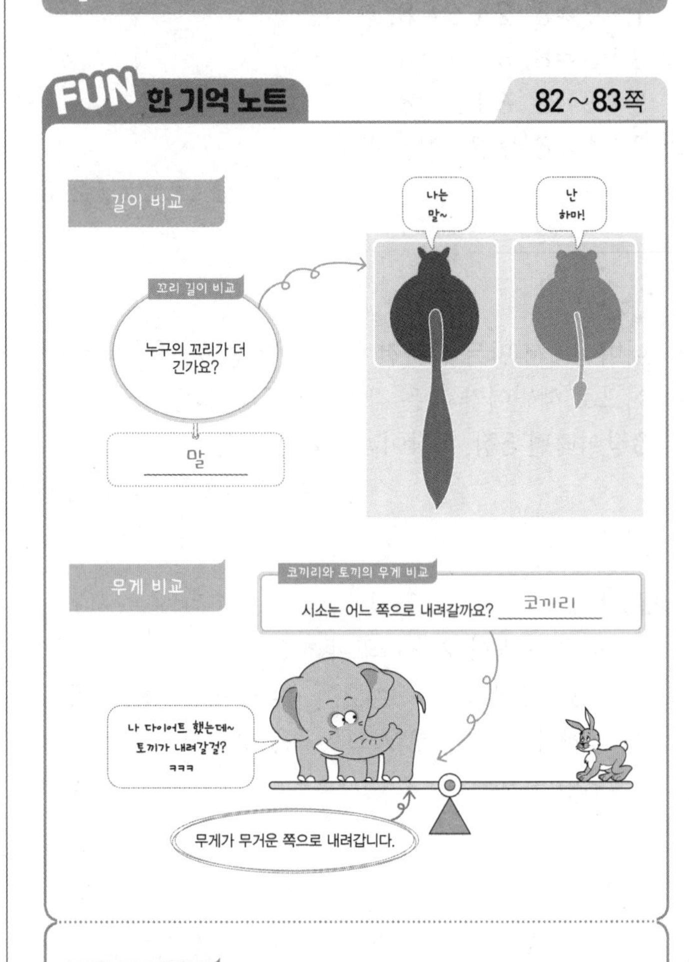

문제 해결력 기르기 84~89쪽

선행 문제 1

(1) (　　)
　 (○)

(2) (○) (　　)

실행 문제 1

❶ 색연필, 머리핀, 가위

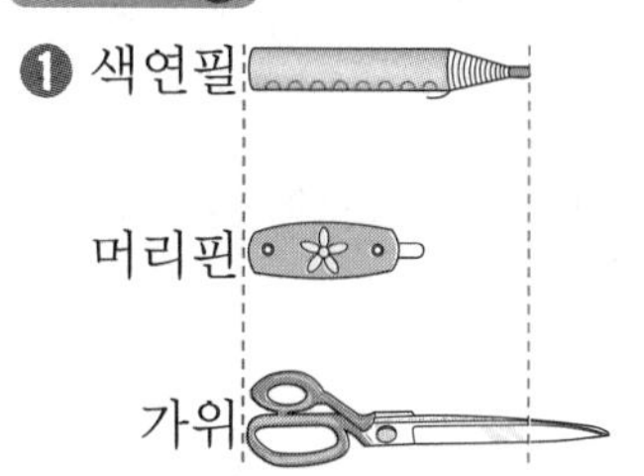

❷ 가위

답 가위

선행 문제 2

(1) 물의 높이에 ○표

(2) 그릇의 크기에 ○표

실행 문제 2

❶ 같다에 ○표

❷ ㉡

답 ㉡

참고 물의 높이가 같을 때 그릇이 클수록 물이 많이 담긴 것이다.

쌍둥이 문제 2-1

❶ 같다에 ○표

❷ ㉡

답 ㉡

선행 문제 3

(1) (　　) (○) / 무겁다에 ○표

(2) (○) (　　) / 무겁다에 ○표

실행 문제 3

❶ 적게에 ○표

❷ ㉡

답 ㉡

참고 가 상자가 더 적게 찌그러졌으므로 더 가벼운 ㉡ 휴대 전화를 올려놓은 것이다.

선행 문제 4

(1) 선우

(2) 유리

실행 문제 4

❶ 나, 가

❷ 다, 나

❸ 다, 나, 가 / 가

답 가

선행 문제 5

(1) (　　) (○) / 작은에 ○표

(2) (　　) (○) / 큰에 ○표

실행 문제 5

❶ 작아야에 ○표

❷ 나

답 나

선행 문제 6

(1) 예

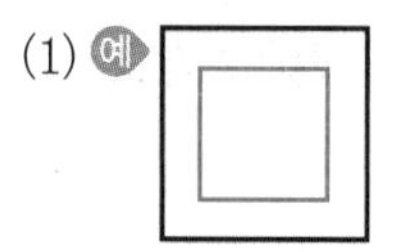

(2) 예

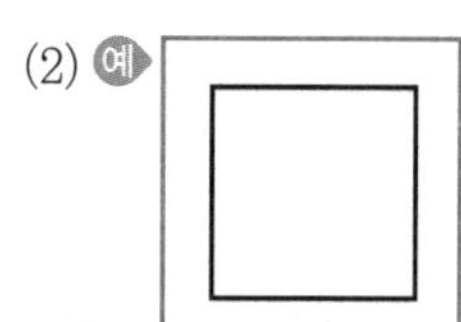

실행 문제 6

❶ 예

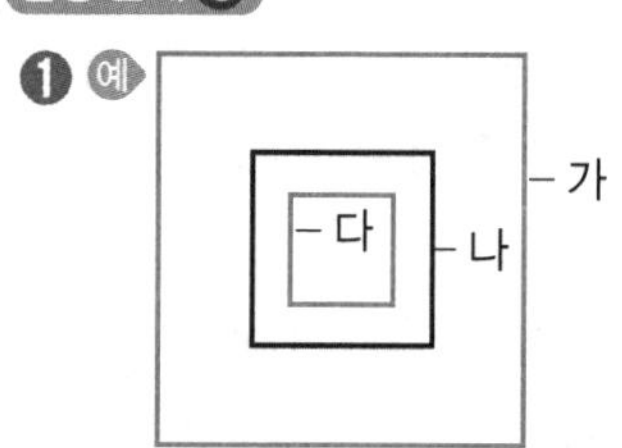

참고 가를 나의 밖에, 다를 나의 안에 그린다.

❷ 가

답 가

수학 사고력 키우기 90~95쪽

대표 문제 1

해 ❶ 답 짧다

❷ 답 길다

❸ 나무 막대보다 더 긴 물건 : ㉡ 우산

답 ㉡

쌍둥이 문제 1-1

구 초록색 선보다 더 짧은 선

어 1 초록색 선과 ㉠의 한쪽 끝을 맞추고 다른 쪽 끝의 길이를 비교한 다음

2 초록색 선과 ㉡의 한쪽 끝을 맞추고 다른 쪽 끝의 길이를 비교하자.

❶ 초록색 선과 빨간색 선의 길이 비교 : 빨간색 선이 더 길다.

❷ 초록색 선과 주황색 선의 길이 비교 : 주황색 선이 더 짧다.

❸ 초록색 선보다 더 짧은 선 : ㉡ 주황색 선

답 ㉡

쌍둥이 문제 1-2 정답에서 제공하는 쌍둥이 문제

주황색 선보다 더 긴 선을 찾아 기호를 써 보세요.

㉠

㉡

구 주황색 선보다 더 긴 선

어 1 주황색 선과 ㉠의 한쪽 끝을 맞추고 다른 쪽 끝의 길이를 비교한 다음

2 주황색 선과 ㉡의 한쪽 끝을 맞추고 다른 쪽 끝의 길이를 비교하자.

해 ❶ 주황색 선과 초록색 선의 길이 비교 : 주황색 선이 더 길다.

❷ 주황색 선과 파란색 선의 길이 비교 : 파란색 선이 더 길다.

❸ 주황색 선보다 더 긴 선 : ㉡ 파란색 선

답 ㉡

대표 문제 2

구 많이

해 ❶ 답 같다에 ○표

❷ 가장 큰 그릇 : ㉡

답 ㉡

쌍둥이 문제 2-1

구 물이 가장 적게 담긴 것 찾기

어 1 물의 높이를 비교한 다음

2 물의 높이가 같으면 그릇의 크기를 비교하자.

❶ 물의 높이 비교 : 같다

❷ 전략 물의 높이가 같을 때는 작은 그릇에 물이 더 적게 담겨 있다.

물이 가장 적게 담긴 것 : ㉠

답 ㉠

쌍둥이 문제 2-2 정답에서 제공하는 쌍둥이 문제

물이 가장 많이 담긴 것을 찾아 기호를 써 보세요.

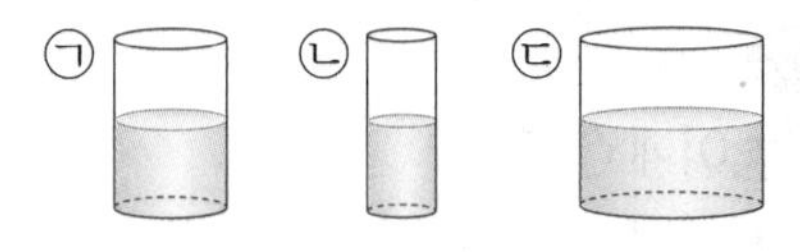

구 물이 가장 많이 담긴 것 찾기

어 1 물의 높이를 비교한 다음

2 물의 높이가 같으면 그릇의 크기를 비교하자.

해 ❶ 물이 높이가 같다.

❷ 물의 높이가 같으므로 물이 가장 많이 담겨 있는 것은 가장 큰 그릇이다.

답 ㉢

대표 문제 3

구 나

해 ❶ 가장 많이에 ○표

❷ 가장 많이 찌그러졌으므로 가장 무거운 것을 찾으면 ㉡ 전자레인지이다.

답 ㉡

참고 찌그러진 상자를 보고 무게 비교하기

① 상자의 찌그러진 정도를 살펴본다.

② 가장 많이 찌그러진 상자

→ 가장 무거운 물건을 올려놓은 것이다.

가장 적게 찌그러진 상자

→ 가장 가벼운 물건을 올려놓은 것이다.

쌍둥이 문제 3-1

구 다 상자 위에 앉았던 사람

어 1 다 상자의 찌그러진 정도를 알아본 다음
2 사람의 몸무게를 비교하여 다 상자에 앉았던 사람을 찾자.

❶ 다 상자가 가장 적게 찌그러졌다.

❷ 가장 적게 찌그러졌으므로 가장 가벼운 사람이 앉았던 것이다.
다 상자에 앉았던 사람 : 동생

답 **동생**

참고 다 상자가 가장 적게 찌그러졌으므로 가장 가벼운 사람이 앉은 것이다.
➜ 가장 가벼운 사람은 동생이다.

대표 문제 4

구 **무거운**

해 ❶ 시소가 내려간 쪽이 더 무거운 사람이다.
따라서 시소가 내려간 준서가 더 무겁다.

답 **현수, 준서**

❷ 시소가 내려간 쪽이 더 무거운 사람이다.
따라서 시소가 내려간 현수가 더 무겁다.

답 **은주, 현수**

❸ 은주 < 현수 < 준서

답 **준서, 현수, 은주**

참고 세 사람의 몸무게 비교하기
① □<□에 비교한 두 사람의 이름을 쓴다.
② □<□에 비교한 두 사람의 이름을 쓴다.
③ ①과 ②를 합하여 □<□<□에 이름을 쓰고 세 사람의 몸무게를 비교한다.

쌍둥이 문제 4-1

구 무거운 사람부터 차례로 이름 쓰기

어 1 두 사람의 몸무게를 각각 비교한 다음
2 세 사람의 몸무게를 비교하여 무거운 순서로 이름을 쓰자.

❶ 해안이와 지호의 몸무게 비교 : 해안<지호

❷ 해안이와 경운이의 몸무게 비교 : 경운<해안

❸ 전략 □<□<□에 이름을 써 보자.
세 사람의 몸무게 비교 : 경운<해안<지호

답 **지호, 해안, 경운**

쌍둥이 문제 4-2 정답에서 제공하는 **쌍둥이 문제**

무게를 비교하여 무거운 상자부터 차례로 기호를 써 보세요.

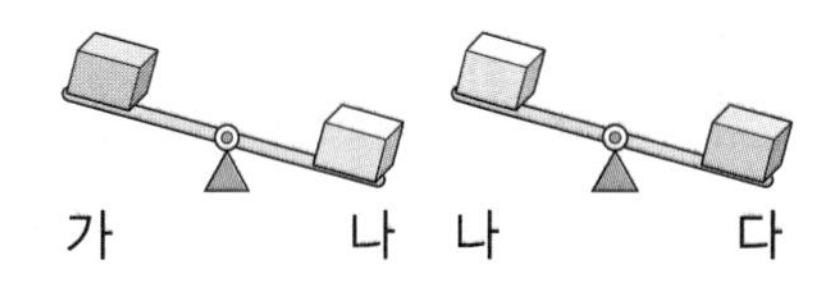

구 무거운 상자부터 차례로 쓰기

주 • 나는 가보다 무겁다.
• 나는 다보다 가볍다.

어 1 가와 나의 무게를 비교하고
2 나와 다의 무게를 비교한 다음
3 세 상자의 무게를 비교하자.

해 ❶ 가와 나 상자의 무게를 비교하면
가<나

❷ 나와 다 상자의 무게를 비교하면
나<다

❸ 가<나<다이므로 무거운 상자부터 차례로 쓰면 다, 나, 가이다.

답 **다, 나, 가**

대표 문제 5

구 **빨리**

주 • **3**
• **2, 1**

해 ❶ 답 **가**
❷ 답 **가**

쌍둥이 문제 5-1

❶ 전략 담을 수 있는 물의 양이 많을수록 물을 받는데 오래 걸린다.
담을 수 있는 물의 양이 많은 쪽을 찾으면 나이다.

참고 사각물통보다 생수통이 크므로 사각물통 1개와 생수통 2개가 있는 나가 담을 수 있는 물의 양이 더 많다.

❷ 물을 받는데 더 오래 걸리는 쪽 : 나

참고 담을 수 있는 물의 양이 많은 쪽은 나이다.

답 **나**

대표 문제 6

구 넓은

해 ❶, ❷ 분홍색 도화지를 하늘색 도화지 안에 그린다.
연두색 도화지를 하늘색 도화지 밖에 그린다.

답 예

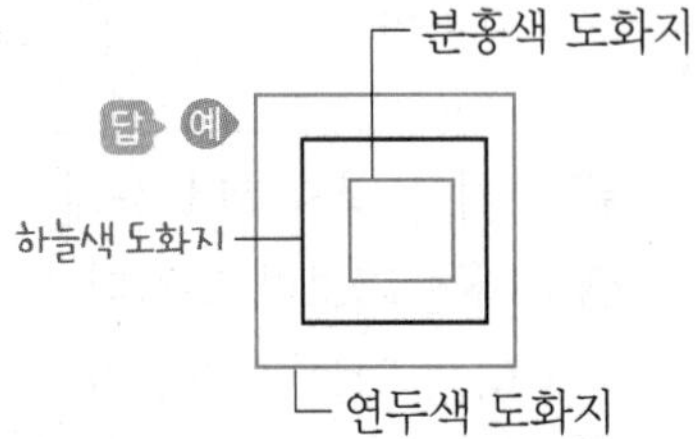

❸ 답 **연두색**

참고 문장을 보고 넓이를 비교할 때는 □ 모양을 그려서 비교한다.

쌍둥이 문제 6-1

❶ 공책을 □ 모양으로 그린 다음, 스케치북을 □ 모양으로 그리기

예

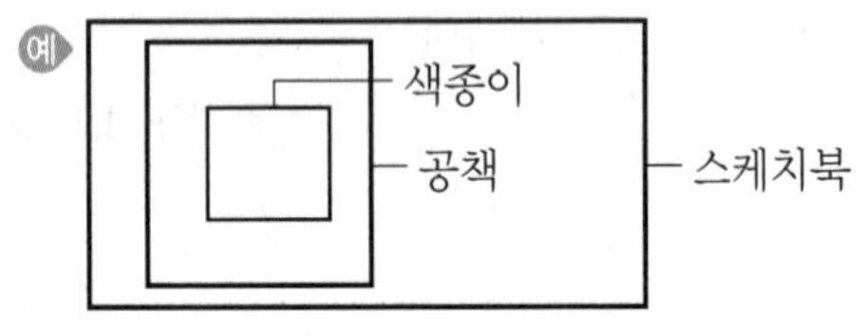

❷ ❶의 그림에 색종이를 □ 모양으로 그리기

❸ 전략 그림에서 가장 좁은 것을 찾자.
가장 좁은 물건 : 색종이

답 **색종이**

참고 스케치북을 공책의 밖에, 색종이를 공책의 안에 그린다.

3 STEP 수학 독해력 완성하기 96~97쪽

독해 문제 1

해 ❶ 아랑 빌딩이 탑 빌딩보다 더 높으므로 아랑 빌딩이 탑 빌딩보다 더 높게 그린다.

답 예

❷ 성아 빌딩이 탑 빌딩보다 더 낮으므로 성아 빌딩을 탑 빌딩보다 더 낮게 그린다.

답 예

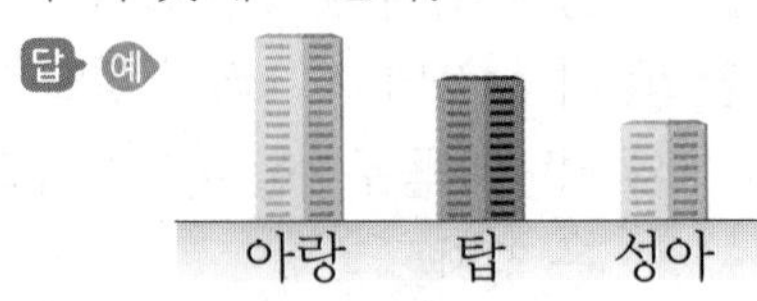

❸ ❶의 그림을 보고 높이를 비교한다.

답 **성아 빌딩, 탑 빌딩, 아랑 빌딩**

참고 문장을 보고 높이 비교, 키 비교, 넓이 비교를 할 때에는 그림을 그려서 비교하면 쉽게 알 수 있다.
높이 비교, 키 비교, 넓이 비교 문제는 그림을 그려 보자.

독해 문제 1-1 정답에서 제공하는 **쌍둥이 문제**

진희는 지아보다 더 크고, 준호는 지아보다 더 작습니다. 키가 작은 사람부터 차례로 이름을 써 보세요.

구 키가 작은 사람부터 차례로 이름 쓰기

주 • 진희는 지아보다 더 크다.
• 준호는 지아보다 더 작다.

어 1 진희와 지아, 준호와 지아의 키를 비교한 다음
2 세 사람의 키를 비교하여 키가 작은 사람부터 차례로 이름을 쓰자.

해 ❶ 진희와 지아의 키를 비교하여 그림으로 진희가 지아보다 더 크게 그린다.

답 예

❷ 준호와 지아의 키를 비교하여 그림으로 준호가 지아보다 더 작게 그린다.

답 예

❸ ❷에서 세 사람의 키를 비교하여 키가 작은 사람부터 차례로 쓰면 준호, 지아, 진희이다.

답 **준호, 지아, 진희**

독해 문제 2

구 큰

주 • 7

• 4

해 ❶ 큰 컵일수록 많이 담을 수 있기 때문에 적은 횟수로 부어도 가득 찬다.

답 적다

❷ 큰 컵 : 부은 횟수가 적다.
작은 컵 : 부은 횟수가 많다.

답 나 컵

❸ 더 큰 컵은 부은 횟수가 더 적은 나 컵이다.

답 나 컵

독해 문제 2-1 정답에서 제공하는 쌍둥이 문제

가 컵과 나 컵에 물을 가득 채워 똑같은 크기의 그릇 2개에 각각 부었습니다. 가 컵과 나 컵으로 다음과 같이 부어 가득 찼다면 더 큰 컵은 어느 것인지 기호를 써 보세요.

가 컵	나 컵
6번	8번

구 더 큰 컵

주 • 가 컵으로 부은 횟수 : 6번

• 나 컵으로 부은 횟수 : 8번

어 1 더 큰 컵으로 그릇을 가득 채우면 더 작은 컵보다 횟수를 적게 부어도 되는 것을 알고

2 물을 부은 횟수를 비교하여 더 큰 컵을 찾자.

해 ❶ 더 큰 컵은 부은 횟수가 적다.

❷ 부은 횟수가 적은 컵은 가 컵이다.

❸ 따라서 더 큰 컵은 가 컵이다.

답 가

참고 가 그릇과 나 그릇에 똑같은 컵으로 부은 경우 가와 나 그릇의 크기 비교하기

가 그릇 : 똑같은 컵으로 15번 부으면 가득 채워진다.
나 그릇 : 똑같은 컵으로 11번 부으면 가득 채워진다.

→ 똑같은 컵으로 부었으므로 15번 부어야 가득 차는 가 그릇이 더 크다.

STEP 4 창의·융합·코딩 체험하기 98~101쪽

융합 1

무게를 비교하면 청소기가 세탁기보다 더 가벼우므로 ㉠은 청소기, ㉡은 세탁기이다.

답 청소기, 세탁기

융합 2

책상 면이 더 좁은 책상은 ㉠이고 등받이가 가장 넓은 의자는 ㉤이다.

답 ㉠, ㉤

창의 3

리본의 접힌 부분을 펼쳐 보면
㉠ : 8칸, ㉡ : 7칸
이므로 더 긴 리본은 ㉠이다.

답 ㉠

참고 리본의 접힌 부분을 펼쳤을 때를 생각해 본다.

코딩 4

크기를 50만큼 줄였으므로 ㉠이 프로그램을 실행하기 전 모습이고 ㉡이 프로그램을 실행한 후의 모습이다.

답 ㉠, ㉡

창의 5

똑같은 컵으로 4번 부은 냄비가 가장 많은 물을 담을 수 있는 냄비이다.
㉡ 냄비에 물을 가득 채우려면 4컵 더 부으면 된다.
→ ㉡ 냄비에 물을 8컵 부으면 냄비가 가득 찬다.

답 ㉡, 8

참고 똑같은 컵으로 물을 부었을 때 부은 컵의 수가 많을수록 많은 물을 담을 수 있는 냄비이다.
① 부은 컵의 수가 많은 냄비를 찾는다.
② ①의 냄비에 물을 가득 채우려면 ①의 부은 컵의 수를 한 번 더 더한다.

코딩 6

키를 비교하는 말을 알아보기 위하여 ( ) 안을 채워 보면

① 곰은 키가 제일 크고
② 거북은 곰, 강아지보다 작다.
③ 강아지의 키는 거북보다 크고 곰보다 작다.
④ 거북의 키가 제일 작다.

답 **곰, 곰, 강아지, 거북, 곰, 거북**

창의 7

고추 : 7칸, 감자 : 6칸, 고구마 : 5칸, 가지 : 4칸, 오이 : 2칸

답 **고추, 감자, 고구마, 가지, 오이**

참고 각 채소별로 심은 칸수를 세어 보자.
칸수가 많은 것이 심은 넓이가 넓은 것이다.

창의 8

다른 크기의 음료수를 같은 크기의 그릇에 담으면 한 눈에 비교하기 쉽다.
가장 작은 사이다 캔에 있는 양을 참고하여 높이를 예상해서 각각 그린다.

답 예 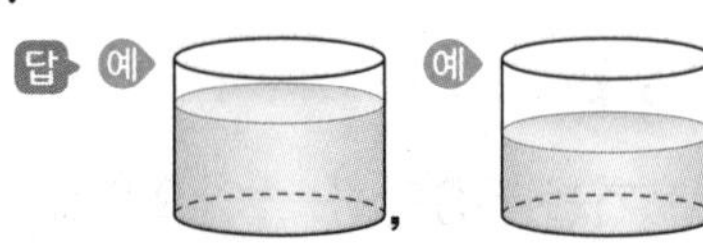

참고 가운데 담겨 있는 사이다 양이 가장 많도록 그리고 오른쪽은 중간 정도의 양으로 그린다.

종합평가 실전 마무리 하기 102~105쪽

1 ❶ 겹쳤을 때 모자라는 것을 찾으면 ㉠이다.
❷ 더 좁은 것 : ㉠

답 ㉠

참고 **넓이 비교하기**
넓이를 비교할 것을 겹쳐서 남는 것은 넓이가 더 넓은 것이다.

2 ❶ 벽돌이 필통보다 더 무겁다.
❷ 더 무거운 것 : ㉠

답 ㉠

3 ❶ 전략 물의 높이를 비교하자.
물의 높이가 같다.
❷ 전략 더 큰 그릇을 찾자.
물이 더 많이 들어 있는 것 : ㉡

답 ㉡

참고 물이 더 많이 들어 있는 것 찾기
① 물의 높이를 비교한다.
② 물의 높이가 같으므로 그릇의 크기를 비교한다.
③ 물이 더 많이 들어 있는 것은 큰 그릇 ㉡이다.

4 ❶ 한쪽 끝이 맞추어져 있으므로 연필보다 더 남는 것을 찾는다.
❷ 연필보다 더 긴 물건 : 리코더

답 **리코더**

5 ❶ 전략 가 상자의 찌그러진 정도를 비교하자.
가 상자가 가장 많이 찌그러졌다.
❷ 전략 가장 많이 찌그러진 상자는 가장 무거운 동물이 앉았던 상자이다.
가 상자 위에 앉았던 동물 : ㉡ 양

답 ㉡

6 ❶ 전략 수영이와 진수의 몸무게를 비교하자.
수영이와 진수의 몸무게 비교 :
수영<진수
❷ 전략 수영이와 인하의 몸무게를 비교하자.
수영이와 인하의 몸무게 비교 :
인하<수영
❸ 전략 세 사람의 몸무게를 비교하자.
세 사람의 몸무게 비교 :
인하<수영<진수
➜ 가장 가벼운 사람 : 인하

답 **인하**

7 ❶ 전략 물을 더 빨리 받을 수 있는 쪽은 담을 수 있는 물의 양이 더 적은 쪽이다.

담을 수 있는 물의 양이 더 적은 쪽 : 가

❷ 전략 물을 더 빨리 받을 수 있는 쪽은 더 작은 그릇 쪽이다.

물을 더 빨리 받을 수 있는 쪽 : 가

답 가

8 ❶ 전략 ㉠과 ㉡에 담긴 물의 양을 비교하자.

㉠과 ㉡을 비교하기 : ㉠이 크고 물의 높이가 높으므로 더 많이 담겨 있다.

❷ 전략 ㉠과 ㉢에 담긴 물의 양을 비교하자.

㉠과 ㉢을 비교하기 : 물의 높이가 같으므로 그릇이 큰 ㉢에 더 많이 담겨 있다.

➜ ㉡<㉠<㉢

답 ㉢

참고
담긴 물의 양 비교하기
① 그릇의 크기를 비교한다.
➜ 그릇의 크기가 같으면 물의 높이를 비교한다.
② 물의 높이를 비교한다.
➜ 물의 높이가 같으면 그릇의 크기를 비교한다.

9 ❶ 전략 가장 짧은 길은 가장 곧은 길이다.

많이 구부러질수록 더 길므로 곧은 것을 찾는다.

❷ 전략 가장 곧은 길을 찾자.

가장 짧은 길 : ㉡

답 ㉡

참고 많이 구부러졌을수록 길이가 길다.

10 ❶ 전략 □ 모양을 이용하여 그림을 그려 비교하자.

□ 모양을 이용하여 꽃밭, 텃밭, 연못을 그려 본다.

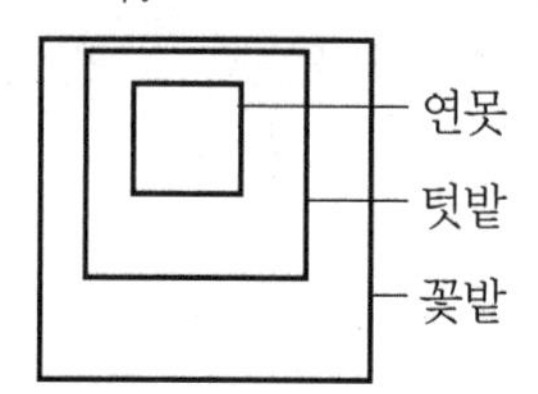

❷ 전략 가장 큰 □ 모양을 찾자.

가장 넓은 것 : 꽃밭

답 꽃밭

5 50까지의 수

FUN 한 이야기 106~107쪽

25

STEP 1 문제 해결력 기르기 108~113쪽

선행 문제 1

(1) 8
(2) 5
(3) 7
(4) 9

참고
(1) 2와 모아서 10이 되는 수는 8이다.
(2) 5와 모아서 10이 되는 수는 5이다.
(3) 3과 모아서 10이 되는 수는 7이다.
(4) 1과 모아서 10이 되는 수는 9이다.

실행 문제 1

❶ 4
❷ 4 답 4

참고 6과 4를 모으기 하면 10이 된다.

선행 문제 2

(1) 9, 12 / 9, 12
(2) 48, 49 / 48, 49

참고
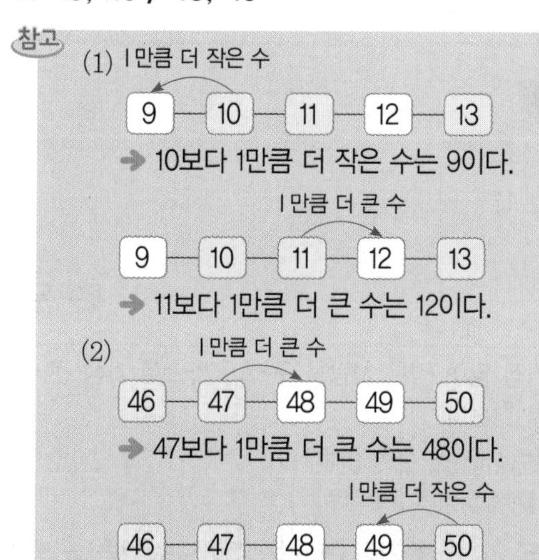

주의 수를 순서대로 썼을 때
(1) 바로 앞의 수는 1만큼 더 작은 수이다.
(2) 바로 뒤의 수는 1만큼 더 큰 수이다.

실행 문제 2

❶ 1
❷ 5, 6, 7 / 7
❸ 11, 12 / 12

답 7, 12

❷ 4보다 1만큼 더 큰 수 : 5,
5보다 1만큼 더 큰 수 : 6,
6보다 1만큼 더 큰 수 : 7
➔ ㉠=7
❸ 10보다 1만큼 더 큰 수 : 11,
11보다 1만큼 더 큰 수 : 12
➔ ㉡=12

선행 문제 3

(1) 큰에 ○표
(2) 작은에 ○표

(1) '가장 많은 것'을 구해야 하므로 가장 큰 수를 찾는다.
(2) '가장 적은 것'을 구해야 하므로 가장 작은 수를 찾는다.

실행 문제 3

❶ 큰에 ○표
❷ 25, 21, 11
❸ 은호

답 은호

❶ 가장 많이 먹은 사람을 구해야 하므로 가장 큰 수를 찾는다.
❷ 25, 21, 11의 크기 비교하기
➔ 25>21>11
❸ 25, 21, 11 중 가장 큰 수는 25이므로 땅콩을 가장 많이 먹은 사람은 은호이다.

선행 문제 4

예 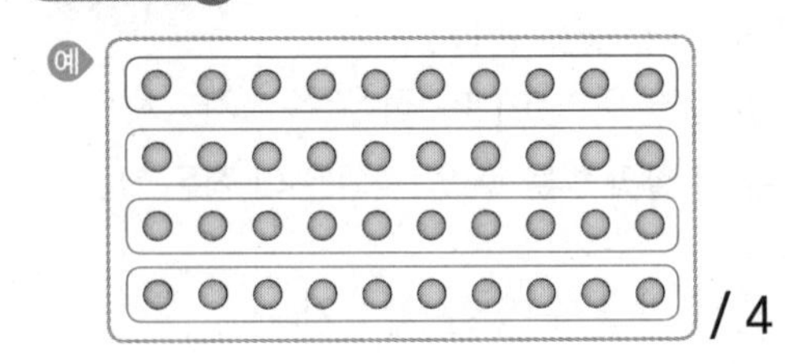 / 4

실행 문제 4

❶ 2
❷ 2

블록이 10개씩 묶음 2개
➔ 만들 수 있는 비행기 모양이 2개

답 2개

선행 문제 5

(1) 1
(2) 2

(1) 만들려는 상자의 10개씩 묶음의 수에서 지금까지 만든 상자의 10개씩 묶음의 수를 뺀다.
➔ 10개씩 묶음 3−2=1(개)
(2) 만들려는 빵의 10개씩 묶음의 수에서 지금까지 만든 빵의 10개씩 묶음의 수를 뺀다.
➔ 10개씩 묶음 4−2=2(개)

실행 문제 5

❶ 5
❷ 4
❸ 4, 1

답 1개

❶ ■0은 10개씩 묶음 ■개이다.
➔ 50은 10개씩 묶음 5개이다.
❸ 10개씩 묶음의 수끼리 빼면 더 만들어야 하는 만두의 10개씩 묶음의 수를 구할 수 있다.

선행 문제 6

(1) 25, 26 / 24
(2) 40, 41 / 39

실행 문제 6

❶ 32

❷ 34, 35

주의 32보다 큰 수에 32는 들어가지 않으므로 설명1을 만족하는 수는 33, 34, 35……이다.

❸ 33

참고 33, 34, 35…… 중 34보다 작은 수는 33이므로 설명을 모두 만족하는 수는 33이다.

답 33

STEP 2 수학 사고력 키우기 114~119쪽

대표 문제 1

구 10

주 8, 10

해 ❶ 답 2

❷ 2와 8을 모으기 하면 10이 된다.

➜ ■=2

답 2

참고 모으기 하여 10이 되는 두 수

10	1	2	3	4	5	6	7	8	9
	9	8	7	6	5	4	3	2	1

쌍둥이 문제 1-1

구 5와 모으기 하면 10이 되는 수

주 • 모으는 두 수: ●, 5

• 두 수를 모으기 한 수: 10

❶ 전략 5가 10이 되려면 몇만큼 더 필요한지 알아보자.

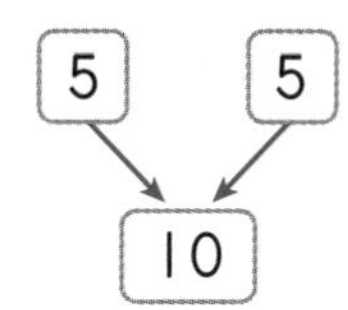

❷ ●에 알맞은 수: 5

답 5

참고 5와 5를 모으기 하면 10이 된다.

➜ ●=5

대표 문제 2

구 ▲

해 ❶ 22보다 1만큼 더 큰 수: 23,

23보다 1만큼 더 큰 수: 24

➜ ▲=24

답 24

❷ 30보다 1만큼 더 큰 수: 31,

31보다 1만큼 더 큰 수: 32,

32보다 1만큼 더 큰 수: 33

➜ ■=33

답 33

쌍둥이 문제 2-1

구 ▼와 ★에 알맞은 수

어 1 수가 쓰인 방향을 살펴보고 ▼는 30에서 몇 칸 간 수로 몇인지,

2 ★은 39에서 몇 칸 간 수로 몇인지 구하자.

❶ 전략 ▼는 30에서 수가 쓰인 방향으로 2칸 간 수이다.

30보다 1만큼 더 큰 수: 31,

31보다 1만큼 더 큰 수: 32

➜ ▼=32

❷ 전략 ★은 39에서 수가 쓰인 방향으로 3칸 간 수이다.

39보다 1만큼 더 큰 수: 40,

40보다 1만큼 더 큰 수: 41,

41보다 1만큼 더 큰 수: 42

➜ ★=42

답 32, 42

대표 문제 3

구 작은

해 ❶ 받은 점수가 가장 작은 사람을 구해야 하므로 세 수 중 가장 작은 수를 찾아야 한다.

답 작은에 ○표

❷ 36, 31, 40의 크기를 비교한다.

➜ $31<36<40$

답 31, 36, 40

❸ 가장 작은 수는 31이므로 받은 점수가 가장 작은 사람은 문규이다.

답 문규

쌍둥이 문제 3-1

구 나이가 가장 적은 사람

어 1 가장 큰 수와 가장 작은 수 중 어떤 수를 찾아야 하는지 알고

2 세 수의 크기를 비교한 후,

3 나이가 가장 적은 사람을 찾자.

❶ 나이가 가장 적은 사람을 구해야 하므로 가장 작은 수를 찾아야 한다.

❷ $38<39<42$

❸ 전략 가장 작은 수가 가장 적은 나이이다.

가장 작은 수는 38이므로 나이가 가장 적은 사람은 이모이다.

답 이모

참고 나이가 가장 적은 사람을 구할 때는 가장 작은 수를, 나이가 가장 많은 사람을 구할 때는 가장 큰 수를 찾아야 한다.

쌍둥이 문제 3-2 정답에서 제공하는 쌍둥이 문제

어머니는 41살, 아버지는 42살, 삼촌은 39살입니다./

나이가 가장 많은 사람은 누구인가요?

구 나이가 가장 많은 사람

어 1 가장 큰 수와 가장 작은 수 중 어떤 수를 찾아야 하는지 알고

2 세 수의 크기를 비교한 후,

3 나이가 가장 많은 사람을 찾자.

해 ❶ 나이가 가장 많은 사람을 구해야 하므로 가장 큰 수를 찾아야 한다.

❷ $42>41>39$

❸ 가장 큰 수는 42이므로 나이가 가장 많은 사람은 아버지이다.

답 아버지

대표 문제 4

해 ❶ [보기]의 모양을 1개 만드는 데 필요한 ■을 세어 보면 10개이다. 답 10개

❷ 주어진 ■을 10개씩 묶어 보면 10개씩 묶음 2개이다. 답 2개

❸ ■ 10개씩 묶음 2개

➔ 만들 수 있는 [보기]의 모양 2개

답 2개

쌍둥이 문제 4-1

❶ [보기]의 모양 1개를 만드는 데 필요한 ■의 수 : 10개

❷ 주어진 ■은 10개씩 묶음 3개이다.

❸ 전략 10개씩 묶음 ■개

➔ 만들 수 있는 모양 ■개

따라서 ■으로 [보기]의 모양을 3개 만들 수 있다.

답 3개

대표 문제 5

구 50

주 2

해 ❶ 50은 10개씩 묶음 5개이다.

답 5개

주의 수를 나타내는 방법을 같게 맞추어 생각하자.

❷ (더 있어야 하는 구슬의 10개씩 묶음의 수)

$=5-2=3$(개)

답 3개

쌍둥이 문제 5-1

구 달걀이 50개가 되려면 더 있어야 하는 달걀의 10개씩 판 수

주 지금 있는 달걀 : 한 판에 10개씩 3판

어 1 달걀 50개를 한 판에 10개씩 몇 판인지로 나타낸 후,

2 지금 있는 달걀 판 수를 빼어 더 있어야 하는 10개씩 판 수를 구하자.

❶ 전략 50을 '10개씩 몇 판'으로 바꾸자.

달걀 50개

➔ 한 판에 10개씩 5판

❷ 전략 달걀의 판 수끼리 빼자.

(더 있어야 하는 달걀의 10개씩 판 수)

$=5-3=2$(판)

답 2판

쌍둥이 문제 | 5-2 정답에서 제공하는 쌍둥이 문제

곶감이 한 줄에 10개씩 4줄 있습니다./
곶감이 50개가 되려면/
10개씩 몇 줄이 더 있어야 할까요?

구 곶감이 50개가 되려면 더 있어야 하는 곶감의 10개씩 줄 수
주 지금 있는 곶감 : 한 줄에 10개씩 4줄
어 1 곶감 50개를 한 줄에 10개씩 몇 줄인지로 나타낸 후,
2 지금 있는 곶감의 줄 수를 빼어 더 있어야 하는 10개씩 줄 수를 구하자.
해 ❶ 곶감 50개
➔ 한 줄에 10개씩 5줄
❷ (더 있어야 하는 곶감의 10개씩 줄 수)
=5−4=1(줄)

답 1줄

대표 문제 6

해 ❶ 25보다 큰 수에 25는 들어가지 않는다.

답 27, 28, 29

❷ 10개씩 묶음 2개와 낱개 7개인 수
➔ 27

답 27

❸ 26, 27, 28, 29…… 중 27보다 작은 수 : 26

답 26

쌍둥이 문제 | 6-1

어 1 39와 43 사이에 있는 수를 구한 다음
2 10개씩 묶음 4개와 낱개 2개인 수를 구한 후,
3 39와 43 사이에 있는 수 중 2에서 구한 수보다 작은 수를 찾자.
❶ 39와 43 사이에 있는 수 : 40, 41, 42
❷ 10개씩 묶음 4개와 낱개 2개인 수 보다 작은 수
||
42 보다 작은 수
❸ 40, 41, 42 중 42보다 작은 수 : 40, 41

답 40, 41

쌍둥이 문제 | 6-2 정답에서 제공하는 쌍둥이 문제

설명을 만족하는 수를 모두 구해 보세요.

설명1 17과 22 사이에 있는 수
설명2 10개씩 묶음 2개와 낱개 1개인 수보다 작은 수

어 1 17과 22 사이에 있는 수를 구한 다음
2 10개씩 묶음 2개와 낱개 1개인 수를 구한 후,
3 17과 22 사이에 있는 수 중 2에서 구한 수보다 작은 수를 찾자.
해 ❶ 17과 22 사이에 있는 수 :
18, 19, 20, 21
❷ 10개씩 묶음 2개와 낱개 1개인 수 보다 작은 수
||
21 보다 작은 수
❸ 18, 19, 20, 21 중 21보다 작은 수 :
18, 19, 20

답 18, 19, 20

주의 ■와 ▲ 사이에 있는 수에는 ■와 ▲는 들어가지 않는다.
예 20과 23 사이에 있는 수 : 21, 22

STEP 3 수학 독해력 완성하기 120~123쪽

독해 문제 | 1

해 ❶ 자리의 번호가 쓰인 순서를 찾아 빈칸에 자리의 번호를 순서대로 써넣는다.
❷ ❶에서 쓴 수 중 32를 써넣은 자리에 ○표 한다.

답

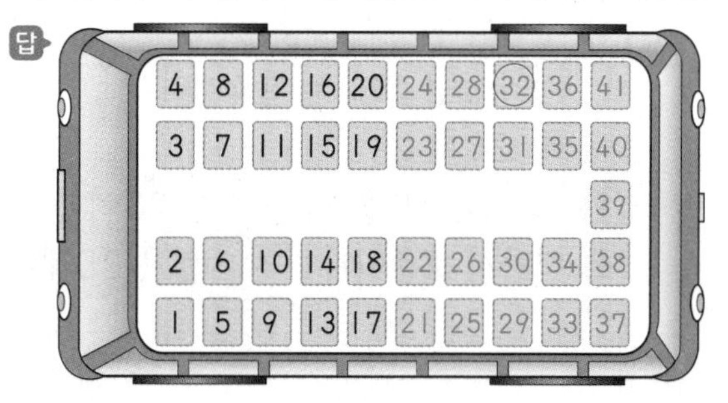

독해 문제 | 2

구 재희

주 1

해 ❶ 다영이가 가진 쿠키를 10개씩 묶으면 10개씩 묶음 1개, 낱개 9개이다.
➔ 19개

답 19개

❷ 19보다 1만큼 더 큰 수는 20이다.

답 20

참고
1만큼 더 큰 수
18 — 19 — 20 — 21 — 22
➔ 19보다 1만큼 더 큰 수는 20이다.

❸ 19보다 1만큼 더 큰 수는 20이므로 재희가 가진 쿠키는 20개이다.

답 20개

독해 문제 | 2-1 정답에서 제공하는 **쌍둥이 문제**

호준이가 가진 사탕은 수진이가 가진 사탕보다 1개 더 많습니다./
호준이가 가진 사탕은 몇 개인가요?

<수진이가 가진 사탕>

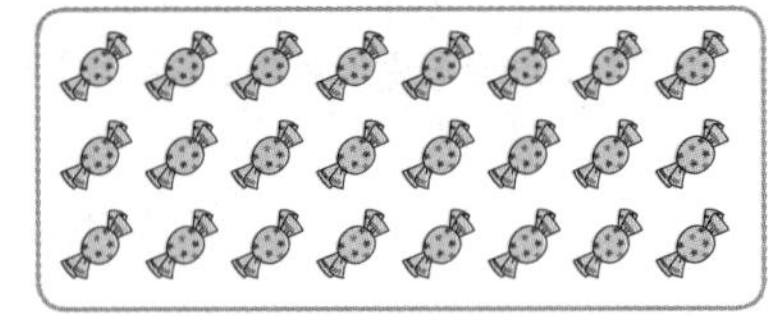

구 호준이가 가진 사탕의 수

주 • 수진이가 가진 사탕
• 호준이가 가진 사탕은 수진이가 가진 사탕보다 1개 더 많음.

어 1 수진이가 가진 사탕은 몇 개인지 세어 본 후,
2 1에서 구한 수보다 1만큼 더 큰 수를 구하여
3 호준이가 가진 사탕은 몇 개인지 구하자.

해 ❶ 수진이가 가진 사탕을 10개씩 묶으면 10개씩 묶음 2개, 낱개 4개이다.
➔ 24개
❷ 24보다 1만큼 더 큰 수는 25이다.
❸ 따라서 호준이가 가진 사탕은 25개이다.

답 25개

독해 문제 | 3

주 2, 15

해 ❶ 낱개 15개는 10개씩 묶음 1개와 낱개 5개이다.

답 5개

❷
10개씩 묶음 2개
낱개 15개 = 10개씩 묶음 1개와 낱개 5개
➔ 10개씩 묶음 3개와 낱개 5개

답 5 / 3, 5

❸ 10개씩 묶음 3개와 낱개 5개
➔ 35개

답 35개

참고
❶ 낱개 ■▲개는 10개씩 묶음 ■개와 낱개 ▲개로 나타낼 수 있다.
❸ 10개씩 묶음 ■개와 낱개 ▲개 ➔ ■▲
따라서 10개씩 묶음 3개와 낱개 5개는 35이므로 가래떡은 35개이다.

독해 문제 | 3-1 정답에서 제공하는 **쌍둥이 문제**

아버지께서 한 봉지에 10개씩 들어 있는 귤 1봉지와 낱개 13개를 샀습니다./
아버지께서 산 귤은 모두 몇 개인가요?

구 아버지께서 산 귤의 수

주 아버지께서 산 귤 :
한 봉지에 10개씩 들어 있는 귤 1봉지와 낱개 13개

어 1 낱개 13개는 10개씩 묶음 몇 봉지와 낱개 몇 개인지 구한 후,
2 10개씩 묶음 1봉지와 함께 생각하여
3 아버지께서 산 귤은 모두 몇 개인지 구하자.

해 ❶ 낱개 13개는 10개씩 묶음 1봉지와 낱개 3개이다.
❷
10개씩 묶음 1봉지
낱개 13개 = 10개씩 묶음 1봉지와 낱개 3개
➔ 10개씩 묶음 2봉지와 낱개 3개
❸ 따라서 10개씩 묶음 2봉지와 낱개 3개이므로 아버지께서 산 귤은 모두 23개이다.

답 23개

독해 문제 | 4

구 30, 34

해 ❶ 30보다 크고 34보다 작은 수의 10개씩 묶음을 나타낸 수는 3이다. 답 3

❷ 세 장의 수 카드 중 3을 제외하면 2, 4가 남는다.
30보다 크고 34보다 작아야 하므로 낱개로 나타낸 수가 될 수 있는 수는 2이다.
답 2

❸ 10개씩 묶음을 나타낸 수는 3이고 낱개로 나타낸 수가 2인 수
➔ 32 답 32

독해 문제 | 4-1

정답에서 제공하는 쌍둥이 문제

세 장의 수 카드 중 2장을 뽑아/
한 번씩 사용하여 만들 수 있는 수 중/
60보다 크고 65보다 작은 수를 써 보세요.

6 7 3

구 수 카드로 만들 수 있는 수 중 60보다 크고 65보다 작은 수

주 세 장의 수 카드 6, 7, 3

어 1 60보다 크고 65보다 작은 수는 10개씩 묶음을 나타낸 수가 몇이어야 하는지 구하고,
2 낱개로 나타낸 수가 0보다 크고 5보다 작은 수가 되게 하여
3 60보다 크고 65보다 작은 수를 만들자.

해 ❶ 60보다 크고 65보다 작은 수를 만들 때 10개씩 묶음을 나타낸 수가 될 수 있는 수는 6이다.

❷ 세 장의 수 카드 중 6을 제외하면 7, 3이 남는다.
60보다 크고 65보다 작아야 하므로 낱개로 나타낸 수가 될 수 있는 수는 3이다.

❸ 10개씩 묶음을 나타낸 수는 6이고 낱개로 나타낸 수는 3이므로 수 카드로 만들 수 있는 수 중 60보다 크고 65보다 작은 수는 63이다.

답 63

STEP 4 창의·융합·코딩 체험하기 124~127쪽

창의 1

10개씩 묶음 2개와 낱개 4개 ➔ 24개
따라서 소시지는 24개이다.

답 24개

창의 2

10개씩 묶음 3개와 낱개 3개 ➔ 33개
따라서 마늘은 33개이다.

답 33개

창의 3

• 20을 10과 ▲로 가르기 한 것이므로 ▲에 알맞은 수는 10이다.
• 10을 7과 ●로 가르기 한 것이므로 ●에 알맞은 수는 3이다.

답 10, 3

코딩 4

12보다 낱개의 수가 1만큼 더 큰 수 : 13
23보다 낱개의 수가 1만큼 더 큰 수 : 24
24보다 10개씩 묶음의 수가 1만큼 더 큰 수 : 34

답 13, 24, 34

주의 화살표의 방향을 보고 낱개로 나타낸 수가 1만큼 커지는지, 10개씩 묶음을 나타낸 수가 1만큼 커지는지 생각해 보자.

융합 5

민지네 모둠 학생을 10명씩 한 묶음이 되게 묶으면 1묶음이 되고 3명이 남는다.
➔ 남는 학생 : 3명

답 3명

융합 6

성수네 모둠 학생을 10명씩 한 묶음이 되게 묶으면 1묶음이 되고 1명이 남는다.
➔ 남는 학생 : 1명 답 1명

융합 7

25보다 큰 수 : 27, 50, 28, 30, 32, 46, 41
➔ ㄱ

답 ㄱ

코딩 8

48 [10개씩 묶음의 수 : 4
　　 낱개의 수 : 8

4보다 8이 크므로 10개씩 묶음의 수가 낱개의 수보다 크지 않다.
➔ 낱개의 수가 나오므로 8이 나온다.

답 8

종합평가 실전 마무리 하기 128~131쪽

1 답 열, 십

2 ❶ 사용한 블록을 10개씩 묶어 세어 보면 10개씩 묶음 1개, 낱개 4개이다.
❷ 사용한 블록 : 14개

답 14개

3 ❶ 7, 3 ➔ 10
❷ ●에 알맞은 수 : 3

답 3

4 ❶ [보기]의 아몬드를 10개씩 묶으면 10개씩 묶음 2개, 낱개 3개이다.
➔ 23개
❷ 23보다 1만큼 더 큰 수는 24이다.
❸ 준호가 먹은 아몬드는 24개이다.

답 24개

5 ❶ 21보다 1만큼 더 큰 수 : 22,
22보다 1만큼 더 큰 수 : 23,
23보다 1만큼 더 큰 수 : 24
➔ ▲=24
❷ 35보다 1만큼 더 큰 수 : 36,
36보다 1만큼 더 큰 수 : 37
➔ ■=37

답 24, 37

6 ❶ 가장 많은 것을 구해야 하므로 가장 큰 수를 찾는다.
❷ 34>30>29
❸ 가장 큰 수는 34이므로 가장 많은 것은 껌이다.

답 껌

7 ❶ [보기]의 모양 1개를 만드는 데 필요한 ▢의 수 : 10개
❷ 주어진 ▢은 10개씩 묶음 5개이다.
❸ ▢으로 [보기]의 모양을 5개 만들 수 있다.

답 5개

8 ❶ 떡 50개
➔ 10개씩 묶음 5개
❷ (더 만들어야 하는 떡의 10개씩 묶음의 수)
$=5-1=4$(개)

답 4개

9 ❶ 낱개 12개는 10개씩 묶음 1개와 낱개 2개이다.
❷ 　　　　　　10개씩 묶음 3개
낱개 12개=10개씩 묶음 1개와 낱개 2개
➔ 10개씩 묶음 4개와 낱개 2개
❸ 10개씩 묶음 4개와 낱개 2개 ➔ 42개

답 42개

10 ❶ 29보다 큰 수 : 30, 31, 32, 33……
❷ 10개씩 묶음 3개와 낱개 1개인 수 보다 작은 수
‖
31 보다 작은 수
❸ 30, 31, 32, 33…… 중 31보다 작은 수 : 30

답 30

정답은
이안에
있어!

배움으로 행복한 내일을 꿈꾸는

천재교육 커뮤니티 안내

교재 안내부터 구매까지 한 번에!

천재교육 홈페이지

자사가 발행하는 참고서, 교과서에 대한 소개는 물론
도서 구매도 할 수 있습니다. 회원에게 지급되는 별을 모아
다양한 상품 응모에도 도전해 보세요!

다양한 교육 꿀팁에 깜짝 이벤트는 덤!

천재교육 인스타그램

천재교육의 새롭고 중요한 소식을 가장 먼저 접하고 싶다면?
천재교육 인스타그램 팔로우가 필수!
깜짝 이벤트도 수시로 진행되니 놓치지 마세요!

수업이 편리해지는

천재교육 ACA 사이트

오직 선생님만을 위한, 천재교육 모든 교재에 대한 정보가 담긴
아카 사이트에서는 다양한 수업자료 및 부가 자료는 물론
시험 출제에 필요한 문제도 다운로드하실 수 있습니다.

https://aca.chunjae.co.kr

천재교육을 사랑하는 샘들의 모임

천사샘

학원 강사, 공부방 선생님이시라면 누구나 가입할 수 있는 천사샘!
교재 개발 및 평가를 통해 교재 검토진으로 참여할 수 있는 기회는 물론
다양한 교사용 교재 증정 이벤트가 선생님을 기다립니다.

아이와 함께 성장하는 학부모들의 모임공간

튠맘 학습연구소

튠맘 학습연구소는 초·중등 학부모를 대상으로 다양한 이벤트와 함께
교재 리뷰 및 학습 정보를 제공하는 네이버 카페입니다.
초등학생, 중학생 자녀를 둔 학부모님이라면 튠맘 학습연구소로 오세요!